西北工业大学出版基金资助项目

FUXIANG HEJIN RELIXUE XINGZHI JI NINGGU ZUZHI

复相合金热力学性质及凝固组织

翟 薇 著

西北工业大学出版社

【内容简介】　本书共 7 章。其中,第 1 章介绍了二元 Cu - Sn 合金的热物理性质及其在超声场和深过冷条件下的包晶转变机制;第 2 章和第 3 章分别介绍了二元 Cu - Ge 和 Ag - Sn 合金的热物理性质及其在平衡条件下的凝固组织形态;第 4 章总结了三元 Ag - Cu - Sb 共晶合金在定向凝固条件下的生长特征;第 5 章和第 6 章分别介绍了三元 Al - Cu - Sn 和 Al - In - Sn/Ge 偏晶合金的热物理性质;第 7 章以超声场建立动态条件,阐明了三元 Al - Cu - Sn 偏晶合金在高强超声作用下的液相分离和偏晶凝固特征。

本书能够为从事材料科学工程和凝聚态物理专业的研究人员提供参考,也可作为高等院校相关专业本科生和研究生的指导读物。

图书在版编目(CIP)数据

复相合金热力学性质及凝固组织/翟薇著 . —西安:西北工业大学出版社,2016.3

ISBN 978 - 7 - 5612 - 4784 - 6

Ⅰ.①复…　Ⅱ.①翟…　Ⅲ.①复相—合金—热力学性质—凝固组织—研究
Ⅳ.①TG131

中国版本图书馆 CIP 数据核字(2016)第 058888 号

出版发行:西北工业大学出版社

通信地址:西安市友谊西路 127 号　　邮编:710072

电　　话:(029)88493844　88491757

网　　址:www.nwpup.com

印 刷 者:兴平市博闻印务有限公司

开　　本:727 mm×960 mm　　1/16

印　　张:10.5

字　　数:169 千字

版　　次:2016 年 3 月第 1 版　　2016 年 3 月第 1 次印刷

定　　价:36.00 元

序

　　液态合金的热力学性质、凝固过程及其组织调控研究貌似传统无奇,实则对于材料科学与工程具有十分重要的意义。在当前的信息化时代里,各种新奇热点材料层出不穷,然而,从钢铁到有色合金,金属材料在世界科技进步和各国工业发展中仍具有不可替代的支柱作用。如果可以把半导体功能材料比作人类的神经,纳米和生物材料相当于五官,那么传统金属材料是当之无愧的骨骼和躯体。另一方面,随着金属材料研究与信息技术和计算科学的深度融合,更加迫切需要系统地实验测定液态合金的热力学性质数据。这只有通过长期不懈的努力研究才能逐步实现。

　　最近十年来,翟薇在国家自然科学基金、教育部博士点基金和陕西省科学基金的共同支持下,系统深入地研究了多个复相合金体系的液态热力学性质和凝固过程规律,取得了国际先进水平的理论研究成果。这本专著全面总结了她近十年来的相关研究工作,主要有三方面学术贡献:一是采用 DSC 热分析技术全面研究了包晶和共晶型二元 Cu－Sn,Cu－Ge 和 Ag－Sn 合金熔体的热力学性质,揭示了偏晶型三元 Al－Cu－Sn,Al－In－Sn 和 Al－In－Ge 合金的液相分离特征;二是基于大体积合金熔体深过冷技术和落管微重力实验技术,深入研究了液态合金的过冷能力和快速凝固机制,阐明了包晶合金体系中初生相与包晶相的竞争形核规律;三是将高强超声场引入共晶、包晶和偏晶凝固过程,系统探索了动态结晶条件下晶体形核与长大特性,揭示了复相组织的协同生长和演变机理,特别是三元共晶 Ag－Cu－Sb 和偏晶 Al－Cu－Sn 合金可以作为空间材料科学实验的候选合金体系而备受关注。

　　这本学术著作技术内容详实，写作认真严谨，为金属材料热力学研究以及合金非平衡凝固科学研究提供了大量基础数据，同时提出了复相合金快速凝固和动态凝固等多方面新颖的学术思路。本人完全相信这是作者对相关学术领域的积极贡献，因此真切期待其早日付梓出版。

魏炳波[*]

2016年2月19日于西安

---

[*] 魏炳波，西北工业大学教授，中国科学院院士。

前　　言

多元合金的热力学性质和凝固组织形态研究是材料科学领域的前沿课题,能够为工业上制备性能优异的金属材料提供理论和实验指导依据。本书是笔者近十年来的研究成果专著,书中重点阐述了具有重要工业应用背景的二元 Cu 基和 Ag 基合金以及三元 Al 基偏晶合金的热力学性质及其在静态和施加超声场作用下的凝固组织特征。本书的出版,得到了西北工业大学第 16 期出版基金的资助。

全书共 7 章,主要分为以下两个部分:

第一部分(1~4 章):系统研究二元 Cu‐Sn、二元 Cu‐Ge、二元 Ag‐Sn 合金的热力学性质,在整个成分范围内测定上述多个二元体系的液相线温度及斜率、熔化焓、熔化熵和过冷能力,全面揭示二元 Cu 基和 Ag 基复相合金中共晶、包晶和熔晶在近平衡条件下的凝固组织形态特征。阐明 Cu‐Sn 包晶合金在落管无容器和超声场两种超常条件下的凝固路径、组织特征以及应用性能的变化,揭示三元 Ag‐Cu‐Sb 合金定向凝固过程中生长速率与共晶相间距之间的函数关系。

第二部分(5~7 章):实验建立 Al 基偏晶合金,包括二元 Al‐In、三元 Al‐In‐Ge、三元 Al‐In‐Sn 以及三元 Al‐Sn‐Cu 合金的相图,系统测定诸如液相线温度,不混溶区间隙,熔化焓和熔化熵等热力学性质随成分变化的函数关系,阐明近平衡条件下不同成分合金的液相分离形式和偏晶凝固组织特征,系统分析三元 Al‐Sn‐Cu 偏晶合金在超声场中的动态相分离与凝固组织形成机理,揭示了"超声场参数-凝固组织特征-合金应用性能"的内在关联。

本书对于液态合金热力学性质以及近平衡条件下不同类型合金凝固组织形态的研究为生产领域主动控制合金凝固过程、优化设计新型金属材料提供了大量的基础数据。超声场中液固相变机理的研究能够丰富动态条件下的凝固理论。同时,为发展新型的超声凝固技术,制备出组织和性能优良的金属材料提供了理论和实验依据。

翟　薇

2015 年 12 月

目　　录

第1章 二元 Cu‑Sn 合金的热力学性质和组织演变规律

1.1 液态合金的热力学性质

1.1.1 引言

二元 Cu‑Sn 合金因其优异的性能,如高强度和导热性,优良的耐磨损阻力和良好的焊接性而被广泛地应用于机械和电子工业[1]。对液态 Cu‑Sn 合金的微观结构、热力学性质以及凝固组织特性的研究有助于理解它们的物理和化学性能。目前为止,众多研究者对 Cu‑Sn 合金的液态结构进行了研究,他们共同发现,在 Cu‑Sn 液体中存在 Cu_3Sn 相和/或准 Cu_3Sn 相结构[2-7]。为了精确计算 Cu‑Sn 合金的热物理性质,如比热、导热性、密度和黏度等,Miettinen[8]建立了相关的热动力学模型。Cu‑Sn 液态合金的表面张力与浓度和温度的关系已经由 Prasad 和 Mikula[9]进行了理论研究。刘等人[10]重新研究了低温区域内的 Cu‑Sn 相图,并指出 γ 相是 β 相的 DO_3 有序结构。通过差示扫描量热法(DSC),陈等人[11]确定了一个温致液‑液转变,可以抑制 Cu‑30%Sn* 合金凝固过程中初生相的形核和生长。Rappaz 等[1]发展了新的热流动模型,该模型可测量 Cu‑Sn 金属合金凝固过程中的固体质量分数。他们还研究了 Cu‑Sn 合金富 Cu 侧亚包晶及过包晶[12]以及富 Sn 侧的共晶定向凝固机制[13-14]。

然而,以下几个方面的工作依然需要深入研究。首先,对于二元 Cu‑Sn 合金,在整个成分范围内的熔化焓并没有系统测定。熔化焓是热力学基本参数之一,在计算吉布斯自由能以及确定晶体成核和生长过程中起重要作用[15]。

---

* 此处的 30% 是指 Sn 的质量百分数,在后文叙述中若无特别标注,带符号"%"的含量,均是指质量百分数。

虽然二元合金的熔化焓可以依据诺依曼-柯普定则[16]，通过两个纯组元的值线性估计，但这种方法通常会产生很大的误差[17]。因此，Cu-Sn合金的熔化焓随成分的变化关系应该通过实验方法精确测定。其次，Cu-Sn合金的过冷度与成分的关系也值得研究，因为凝固路径和组织演变主要依赖于过冷度。虽然目前很多研究[18-19]集中在通过各种净化技术抑制液态Cu-Sn合金的异质形核，然而关于合金固有过冷能力与成分的关系报道却很少。事实上，过冷度也依赖于合金本身的内禀属性，不同成分的Cu-Sn合金在相同的外部条件下有可能达到不同程度的过冷。第三，富Cu区域内的Cu-Sn合金作为结构材料，富Sn合金作为无铅焊锡材料已被广泛研究，而介于中间的成分，如40％～70％Sn范围内的Cu-Sn合金的凝固机制仍不得而知。事实上，在这一成分范围内存在一个重要的熔晶反应$\gamma \longrightarrow \varepsilon + L$，该反应描述了液态合金冷却中由一个固相生成另一个液相和固相的转变过程。Lograsso和Hellawell[20]研究了这一熔晶反应，然而结果还没有被其他研究人员完全接受[21]。因此对Cu-Sn合金熔晶反应热特性的进一步研究是必需的。另外，当Sn的含量大于58.6％时，还存在一个包晶反应$\varepsilon + L \longrightarrow \eta$，关于该过程的热分析和凝固组织的研究至今也未见报道。

DSC(差示扫描量热法)是用于定量热分析的有效技术[22-23]，DSC加热-冷却曲线也提供了相转变特征的重要信息[24-26]。本节将介绍采用DSC方法确定Cu-Sn合金的液相线温度以及熔化焓，推导液相过冷度随合金组分和过冷速度变化的函数关系。在DSC差热分析的基础上，分析Cu-Sn合金熔晶以及包晶反应的热力学特征和最终的凝固组织形态。

1.1.2 实验过程

如表1-1所列，本节选取25个不同成分的Cu-Sn合金为研究对象。图1-1给出了二元Cu-Sn合金相图。每个样品的质量约为120 mg，由高纯度Cu(99.999％)和Sn(99.999％)按比例配制而成，并在氩气保护下通过激光熔化。DSC实验采用Netzsch DSC 404C差示扫描量热计进行。熔点和熔化焓的测量均经过高纯度的Sn，Zn，Al，Ag，Au和Fe元素校准，测定精度分别为±1 K和±3％。在DSC实验之前，将合金样品置于Al_2O_3坩埚中，对样品室抽真空，然后充入纯保护氩气。DSC热分析在不同的扫描速率下进行，最高加热温度大约比液相线温度高 150 K。DSC 实验后,对合金样品进行研磨并用 5g FeCl₃＋1mL HCl＋99mL H₂O 溶液进行腐蚀,用光学显微镜和 FEI 扫描电子显微镜对凝固组织进行分析,用 INCA300 能谱仪对凝固组织的溶质分布进行研究。

表 1‑1 采用 DSC 方法测定的二元 Cu‑Sn 合金的热力学性质

合金成分 Sn	液相线温度 T_L K	熔化焓 ΔH_f kJ · mol⁻¹	熔化熵 ΔS_f J · mol⁻¹ · K⁻¹
Cu－5％Sn	1 332	9.934	7.46
Cu－10％Sn	1 285	7.977	6.21
Cu－15％Sn	1 239	6.690	5.40
Cu－22％Sn	1 156	5.584	4.83
Cu－25.5％Sn	1 070	5.311	4.96
Cu－27.2％Sn	1 061	5.045	4.76
Cu－28.9％Sn	1 043	4.797	4.60
Cu－30.6％Sn	1 033	5.729	5.55
Cu－32.5％Sn	1 029	6.366	6.19
Cu－38％Sn	1 013	7.251	7.16
Cu－41％Sn	1 000	8.006	8.01
Cu－42.5％Sn	994	8.306	8.36
Cu－46％Sn	978	9.197	9.40
Cu－50％Sn	961	9.604	9.99
Cu－55％Sn	934	9.904	10.60
Cu－58.6％Sn	913	9.379	10.27
Cu－65％Sn	889	8.740	9.83
Cu－70％Sn	871	8.030	9.22
Cu－75％Sn	847	7.515	8.87
Cu－80％Sn	811	6.587	8.12
Cu－85％Sn	776	5.620	7.24
Cu－90％Sn	727	5.424	7.46
Cu－92.4％Sn	689	5.597	8.12
Cu－95％Sn	640	6.109	9.55
Cu－97.4％Sn	585	6.674	11.41

1.1.3 液相线温度

用 DSC 实验方法测得的液相线温度列在表 1-1 中,并标记在图 1-1(a) 所示的二元 Cu-Sn 相图[27]中,所有测量值与发表的二元 Cu-Sn 合金相图一致,这也验证了 DSC 测量的精度。所测得的液相线温度 T_L 与 Sn 含量 C 的关系符合下列 5 个函数关系式:

当 Sn 含量在 0%～25.5% 之间时,α 相(Cu)是凝固过程中的初生相:

$$T_L = 1\ 345.306\ 12 - 1.896\ 56C - 0.335\ 22C^2 \tag{1-1}$$

当 Sn 含量在 25.5%～30.6% 之间时,β 相优先从合金熔体中凝固:

$$T_L = 1\ 196.85 - 2.735\ 29C - 0.086\ 51C^2 \tag{1-2}$$

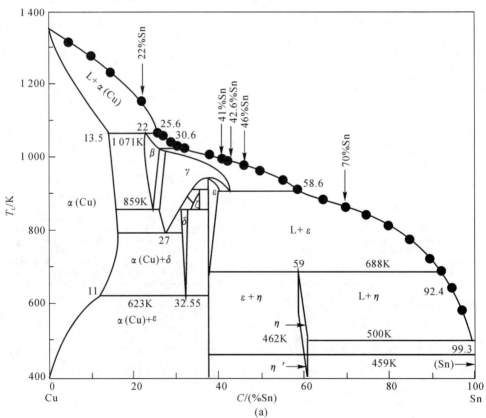

图 1-1 Cu-Sn 合金成分的选择以及液相线温度的测定结果

(a)合金成分的选择以及液相线温度在相图上的位置;

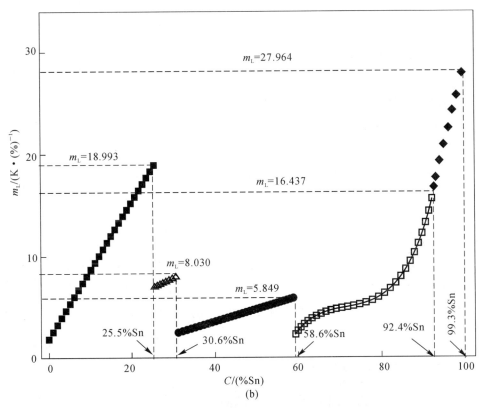

续图 1‑1　Cu‑Sn 合金成分的选择以及液相线温度的测定结果

(b)液相线斜率随 Sn 含量的变化关系

当 Sn 含量在 30.6%~58.6% 之间时，γ 相是初生相：

$$T_L = 1\ 063.442\ 92 + 0.767\ 77C - 0.056\ 46C^2 \tag{1-3}$$

当 Sn 含量在 58.6%~92.4% 之间时，ε 相是最初凝固的相：

$$T_L = -5\ 394.308\ 97 + 363.623\ 65C - 7.739\ 53C^2 + 7.252 \times 10^{-2}C^3 -$$
$$2.558\ 25 \times 10^{-4}C^4 \tag{1-4}$$

当 Sn 含量在 92.4%~99.3% 之间时，η 相是初生相：

$$T_L = -4\ 175.807\ 96 + 133.716\ 77C - 0.814\ 1C^2 \tag{1-5}$$

根据公式(1‑1)~式(1‑5)，液相线斜率计算公式 $m_L = -dT_L/dC$ 如下：

当 Sn 含量在 0~25.5% 之间时：

$$m_L = 1.896\ 56 + 0.670\ 44C \tag{1-6}$$

当 Sn 含量在 25.5%～30.6%之间时：

$$m_L = 2.74 + 0.173\ 02C \tag{1-7}$$

当 Sn 含量在 30.6%～58.6%之间时：

$$m_L = -0.767\ 77 + 0.112\ 92C \tag{1-8}$$

当 Sn 含量在 58.6%～92.4%之间时：

$$m_L = -363.623\ 65 + 15.479\ 06C - 0.217\ 56C^2 + 1.023\ 3 \times 10^{-3}C^3$$

$$\tag{1-9}$$

当 Sn 含量在 92.4%～99.3%之间时：

$$m_L = -133.716\ 67 + 1.628\ 20C \tag{1-10}$$

液相线斜率的计算结果示于图 1-1(b)。当 Sn 含量从 0 变化到 25.5% 时,液相线斜率从 1.897 上升到 18.993。当 Sn 含量从 25.5% 增加到 30.6%, 斜率从 7.147 缓慢上升到 8.030。若 Sn 含量从 30.6% 上升到 58.6%,液相线 斜率从 2.688 上升到 5.849。当 Sn 的含量在 58.6%～92.4%范围时,斜率从 2.276 增大到 16.437。进一步增加 Sn 的含量到 99.3% 时,斜率从 16.729 显 著上升至 27.964。

1.1.4 熔化焓和熔化熵

实验采用 5K/min 的加热速率,系统测定了二元 Cu-Sn 合金在整个成分 范围内的熔化焓,在表 1-1 和图 1-2(a)中示出。结果表明,Cu-Sn 合金的熔 化焓与凝固过程中初生相密切相关。随着 Cu-Sn 相图中五个不同的初生相 $\alpha, \beta, \gamma, \varepsilon$ 和 η 相的变化,Cu-Sn 合金的熔化焓 ΔH_m 与 Sn 含量的多项式关系变 化如下：

当 Sn 含量在 0～25.5%之间时, α(Cu)是初生相：

$$\Delta H_m(C) = 13.050\ 688 - 0.780\ 699\ 64C + 3.647\ 101 \times 10^{-2}C^2 -$$
$$1.058\ 713\ 6 \times 10^{-3}C^3 + 1.420\ 977 \times 10^{-5}C^4 \tag{1-11}$$

当 Sn 含量在 25.5%～30.6%之间时, β 相优先从合金熔体中凝固：

$$\Delta H_m(C) = -778.699 + 87.057\ 255C - 3.213\ 494\ 8C^2 + 3.941\ 923 \times 10^{-2}C^3$$

$$\tag{1-12}$$

当 Sn 含量在 30.6%～58.6%之间时, γ 相是初生相：

$$\Delta H_m(C) = -20.239\ 054 + 2.429\ 585\ 0C - 9.322\ 158 \times 10^{-2}C^2 +$$

$$1.722\ 400\ 6 \times 10^{-3}C^3 - 1.1808\ 138 \times 10^{-5}C^4 \tag{1-13}$$

如果 Sn 含量介于 58.6%～92.4%之间，ε 相是最先凝固的相：

$$\Delta H_m(C) = 406.299\ 87 - 22.370\ 052C + 0.471\ 844\ 90C^2 -$$
$$4.404\ 076 \times 10^{-3}C^3 + 1.525\ 699\ 9 \times 10^{-5}C^4 \tag{1-14}$$

一旦 Sn 含量超过 92.4%，η 相成为初生相：

$$\Delta H_m(C) = -68.707\ 2 + 1.369\ 043\ 3C^2 - 6.115\ 384 \times 10^{-3}C^3$$
$$\tag{1-15}$$

当 Sn 含量为 0～25.5%时，α(Cu)是初生相，该区域的熔化焓随着 Sn 含量的增加而单调下降；当 Sn 含量在 25.5%～30.6%范围内时，β 是相应的初生相，熔化焓随着 Sn 含量的增加而下降，在 28.9%左右达到极小，在此之后，熔化焓缓慢上升；当 Sn 含量范围为 30.6%～58.6%时，γ 相优先从合金熔体中析出，熔化焓随着 Sn 含量的增加而上升，在大约 55%处取得极大值，然后随 Sn 含量的增加，熔化焓再次下降；在 58.6%～92.4%区域内继续增加 Sn 含量，ε 变为初生相，对应的熔化焓单调减小，约在 90%的 Sn 含量处取得一个极小值；最后，在 Sn 含量为 92.4%～100%时，η 是凝固过程中的初生相，熔化焓随 Sn 含量的上升而再次上升。

Cu－Sn 的熔化熵 ΔS_f 也可以直接通过测得的焓和液相线温度计算：

$$\Delta S_f = \Delta H_m / T_L \tag{1-16}$$

图 1－2(b)给出了熔化熵与合金组分之间的关系。它们之间的函数关系也可用 5 个不同的多项式表示：

Sn 含量在 0～25.5%之间时，有

$$\Delta S_f = 9.617\ 5 - 0.569\ 64C + 3.332 \times 10^{-2}C^2 - 1.264\ 3 \times 10^{-3}C^3 +$$
$$2.168 \times 10^{-5}C^4 \tag{1-17}$$

Sn 含量在 25.5%～30.6%之间时，有

$$\Delta S_f = -699.27 + 78.319C - 2.896\ 25C^2 + 3.560\ 5 \times 10^{-2}C^3 \tag{1-18}$$

Sn 含量在 30.6%～58.6%之间时，有

$$\Delta S_f = -20.348 + 2.485\ 0C - 9.787 \times 10^{-2}C^2 + 1.836\ 410^{-3}C^3 -$$
$$1.259 \times 10^{-5}C^4 \tag{1-19}$$

Sn 含量在 58.6%～92.4%之间时，有

$$\Delta S_f = 604.116\ 05 - 33.567\ 18C + 0.708\ 1517C^2 - 6.599\ 73 \times 10^{-3}C^3 +$$
$$2.285\ 572 \times 10^{-5}C^4 \tag{1-20}$$

Sn 含量超过 92.4% 时，有

$$\Delta S_f = 429.653\ 53 - 9.516\ 7C + 5.362\ 3 \times 10^{-2}C^2 \tag{1-21}$$

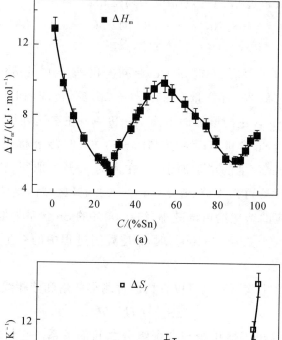

(a)

(b)

图 1-2 Cu-Sn 合金熔化焓、熔化熵与 Sn 含量的关系

(a)熔化焓； (b)熔化熵

1.1.5　过冷能力

通过 5 K/min 扫描速率下的 DSC 差热分析获得了不同的 Cu - Sn 合金的过冷度($\Delta T = T_L - T_S$)。其中 T_L 是在加热过程中测得的某一成分 Cu - Sn 合金的液相线温度，T_S 是该合金冷却过程中的初始凝固温度。如图 1 - 3(a)所示，过冷度和成分可以分为四个区域，分别为 A (0～25.5% Sn)，B(25.5%～30.6% Sn)，C (30.6%～58.6% Sn)和 D(58.6%～97.4% Sn)。在区域 A 中，α(Cu)为初生相，过冷度在 40～60 K 之间，最大过冷度出现在 15% Sn 处。在 B 区域内，金属间化合物 β 相为初生固相，此时过冷度急剧下降至 8 K。相反，在区域 C 中，金属间化合物 γ 相优先从液态合金中成核，此时过冷度上升至 15 K。在区域 D 中，初生相是 ε 相或 η 相，而过冷度亦稳定在 20 K。上述结果表明，在 DSC 实验分析中，过冷度很大程度依赖于合金中初生固相，并且遵循以下规律：

$$\Delta T_{\alpha(Cu)} > \Delta T_{\varepsilon \text{ or } \eta} > \Delta T_{\gamma} > \Delta T_{\beta} \tag{1-22}$$

另外，10 K/min，20 K/min，30 K/min，40 K/min，50 K/min 五个不同的冷却速率也用于研究对 Cu - Sn 合金过冷能力的影响。图 1 - 3(b)所示的是 Cu - 22% Sn，Cu - 42.5% Sn 和 Cu - 70% Sn 的过冷度 ΔT 与冷却速率 R_c 的关系。有趣的是，不同成分的 Cu - Sn 合金的过冷度对冷却速率的敏感程度大不相同。如 Cu - 22% Sn，初生相为 α(Cu)，扫描速率从 5 K/min 上升到 50 K/min 时，过冷度从 40K 变化为 108 K。然而，对于后两者以 γ 相和 ε 相为初生相的合金，过冷度并未随着冷却速率的增加而明显变化。

过冷度对冷却速率的依赖程度主要取决于液态合金和凝固初生相的结构差异大小。在 Cu - Sn 固态合金中，Sn - Cu 间平均原子间距远小于 Cu - Cu 和 Sn - Sn 间原子间距，这表明 Sn - Cu 原子间存在很强的亲和力。Bian 等人[2-4] 发现在 1 173 K 时液态 Cu - Sn 合金中相关半径发生了明显的变化，且证明是由液态 Cu_3Sn 和准 Cu_3Sn 结构形成所导致的。因此，液态和固态中相似的结构使得 Cu - Sn 液相中的固态金属化合物相易快速生成。这是 Cu - Sn 合金中金属间化合物相大量生成的主要原因，并非是冷却速率的影响。相比之下，Cu - Sn 液相和 α(Cu)固相间却存在很大的结构差异。面心立方结构的 α(Cu) 相的形成需要液相中 Cu 和 Sn 原子的大量重组。因此，α(Cu)相的成核需要一个更大的驱动力,这也是其强过冷能力的主要原因。

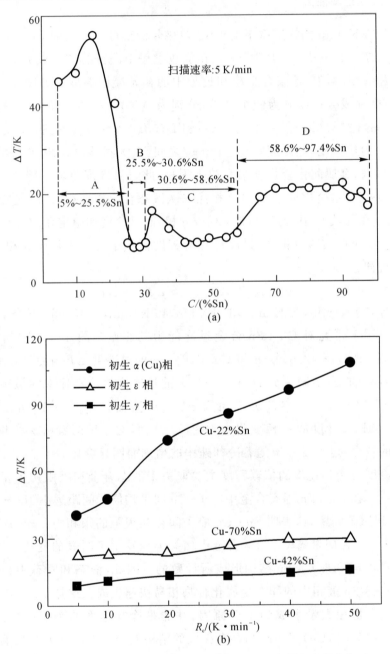

图 1-3 5K/min 扫描速率下测得的 Cu-Sn 液态合金过冷度

(a)过冷度与成分的关系; (b)过冷度与冷却速率的关系

1.1.6　Cu－Sn 合金的热分析曲线与凝固组织特征

图 1－4 表示的是在不同扫描速率下,Cu－22％ Sn 包晶合金的 DSC 曲线。如图 1－4(a)所示,在熔化过程中发生了 4 次吸热反应。当扫描速率为 5 K/min 时,第一和第二吸热峰出现在 791 K 和 846 K,分别代表如下两次相变过程: $\alpha(Cu)+\delta \longrightarrow \gamma$ 和 $\alpha(Cu)+\gamma \longrightarrow \beta$。当温度升高到 1 069 K 时,固态的包晶 β 相分离为液相和 $\alpha(Cu)$ 相,此时在 DSC 熔化曲线上出现了一个很尖锐的吸热峰。随后,剩余的 $\alpha(Cu)$ 相吸热熔化,产生了一个相对平滑的吸热峰。随着加热速率的上升,所有相转变温度也随之有轻微的上升。除此之外,第三和第四个吸热峰也由于相邻峰的扩张而产生了渐增的重叠。图 1－4(b)表示了 Cu－22％ Sn 合金在不同扫描速率下 DSC 冷却曲线。在慢速率(5 K/min 和 10 K/min)扫描下,形成初生相和包晶转变所对应的吸热峰彼此分离;当扫描速率增加到 20 K/min 时,第一吸热峰相对于慢速扫描变得更加尖锐,并且第二峰在第一峰回归基线之前便已出现。随着冷却速率加至 40 K/min 时,两重叠峰的形状不再发生改变,但并非如 20 K/min 下,其第二峰的最大值超过了第一峰。这表明,随着过冷度和冷却速率的增大,包晶相所占比例增大,包晶转变驱动力也随之增大。当冷却速率达到 50 K/min 时, $\alpha(Cu)$ 相的形核温度为 1 048 K,甚至比平衡包晶转变温度 1 069 K 还要低。这两个峰区分度很低,且第一峰直到包晶转变开始时也没有达到最大值。初生相和包晶转变的成核间隔只有 5 K,这说明大过冷度抑制初生相的生长,同时促进包晶转变。

Cu－22％ Sn 合金的凝固组织形貌如图 1－5 所示,其由白色的 $\alpha(Cu)$ 、灰色的包晶 β 相以及黑色的 δ 相组成。根据平衡 Cu－Sn 相图,Cu－22％ Sn 包晶合金在包晶转变温度本应完全转化为 β 相。然而,不同冷却速率下的凝固组织中均有大量的 $\alpha(Cu)$ 相晶粒残存。这说明包晶转变的进行程度十分有限。当包晶转变一开始进行时,初生 $\alpha(Cu)$ 相和液相彼此反应生成 β 相。随着反应的进行, β 相逐渐将 $\alpha(Cu)$ 相和液相分离。在此情况下,转变进程仍由原子相互扩散来维持,所以整个过程极为缓慢。当冷却速率为 5 K/min 时,初生 $\alpha(Cu)$ 相表现为粗大的枝晶,其平均晶粒长度为 800 μm。 β 相围绕 α 相生长, $(\alpha+\delta)$ 共析组织分布在 β 相基底上,如图 1－5(a)和(b)所示。随着冷却速率增大, $\alpha(Cu)$ 晶体生长速度也随之加快,枝晶主干长度显著增长,同时枝晶间距细化,如图 1-5(c)和(d)所示。当过冷度为 108K,冷却速率为 50 K/min 时,α(Cu) 枝晶发生碎断。这是由于在大过冷度时结晶潜热急剧释放所产生的再辉效应,因而 α(Cu)相再次熔化。

图 1-6 所示为 Cu-70% Sn 熔晶合金在扫描速率分别为 5 K/min,20 K/min,50 K/min 时的 DSC 曲线。在熔化过程中出现了三个吸热峰,一一对应发生的三个相变为(Sn)+η $\longrightarrow$ L,η $\longrightarrow$ L+ε 和 ε $\longrightarrow$ L。在加热速率为 5 K/min 时,这三个相变发生的初始温度分别是 499 K,680 K 和 871 K,并且这些初始温度会随加热速率的上升而略有上升。这些反应会在冷却过程中反向进行,并且如之前所述,冷却速率对 Cu-70% Sn 液态合金的过冷度没有显著的影响。图 1-7 所示为 Cu-70% Sn 合金在冷却速率为 5K/min 时的凝固组织形貌,初生相ε(Cu$_3$Sn) 相以平均长度为 150 μm 的长枝晶形态生长。包晶 η(Cu$_6$Sn$_5$)相包裹初生 ε 相生长,形成大量包晶晶胞,η 相平均厚度为 8.5 μm。在包晶晶胞之间是薄片状的 β(Sn)+η 共晶结构。图 1-7(c)所示是图 1-7(b)中包晶晶粒沿中心轴的溶质分布 EDS 分析结果。可以看出,在 ε 相中 Sn 的质量分数为 40.25%~40.62%,包晶 η 相中 Sn 所占质量分数为 61.88%~63.58%,这些值与相图中标示的平衡态值相一致。由于初生相和包晶相都近似为化学计量的金属间化合物,所以没有明显的溶质比例变化。

将冷却速率为 5 K/min 下的包晶 Cu-22% Sn 合金与 Cu-70% Sn 合金的 DSC 曲线相比较,前者的包晶反应 α(Cu)+L $\longrightarrow$ β 发生在 1 066 K,仅仅比平衡转变温度低 3 K。后者的包晶反应 ε+L $\longrightarrow$ η 发生在 670 K,低于平衡温度 10 K。综上所述,比较该两反应,后者与平衡态偏离更远。这个结果可以通过初生相与包晶相间的结构差异来解释,对于 α(Cu)+L $\longrightarrow$ β,初生相和包晶相均属于立方晶格结构[27-28],它们的晶格常数相同。良好匹配的晶格能够在初生相和包晶相间产生很低的界面能量,所以初生相可以成为包晶相生长的有效异质晶核。与之相反,在包晶反应 ε+L $\longrightarrow$ η 中,初生 ε 相为正交晶系结构,而包晶 η 相是六方晶系结构[27-28]。因此,初生相中的原子间作用被重建从而产生一种新的结构。这样,包晶相在初生相上生长成核就变得很困难,包晶反应随之也会有很大的延迟。因此,初生相和包晶相晶格结构的不同是在冷却速率为 5 K/min 时,Cu-70% Sn 合金中包晶反应 ε+L $\longrightarrow$ η 在较大过冷度下发生的主要的原因。

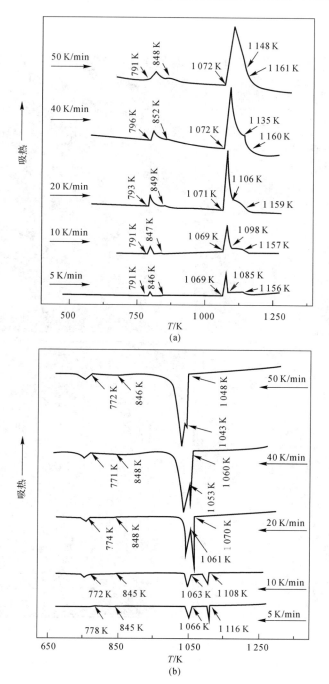

图 1 - 4　Cu - 22% Sn 包晶合金在不同扫描速率下的 DSC 曲线

（a）熔化曲线；　（b）冷却曲线

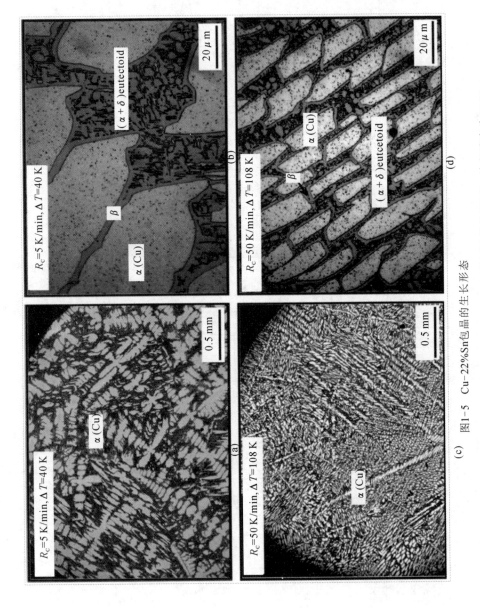

(c) 图1-5 Cu-22%Sn包晶的生长形态

(a)~(b)的过冷度为40 K，冷却速率为5 K/min；(c)~(d)的过冷度为108 K，冷却速率为50 K/min

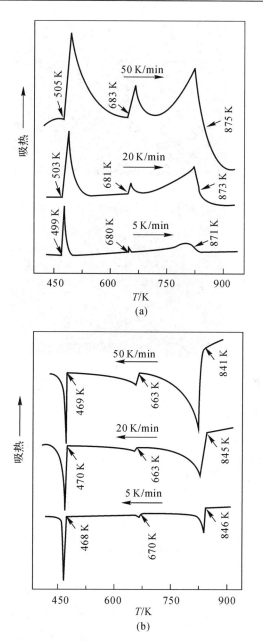

图 1-6　Cu-70% Sn 过包晶合金在不同扫描速率下的 DSC 曲线

(a)熔化曲线；　(b)冷却曲线

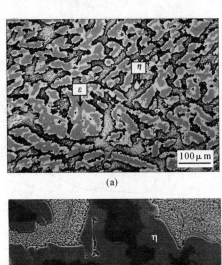

(a)

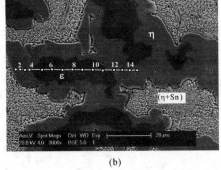

(b)

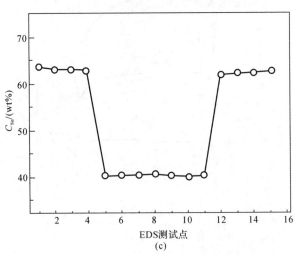

(c)

图 1-7　Cu-70%Sn 过包晶合金的凝固组织形貌

(a)5 K/min 冷速下的凝固形态；　(b)放大后的包晶组织；　(c)图(b)所示的包晶晶粒中的溶质分布特征

图 1-8 表示的是亚熔晶 Cu-41％ Sn,熔晶 Cu-42.5％ Sn,过熔晶 Cu-46％ Sn 合金 DSC 曲线。由图 1-8(a)所示,这些合金的熔化过程中均有四个吸热峰,代表四个相变过程。对于 Cu-42.5％ Sn 合金,在 680 K 的第一小峰与熔晶反应 $\eta \longrightarrow \varepsilon + L$ 相对应,在 924 K 出现了一个很尖锐的吸热峰,对应于熔晶反应 $\varepsilon + L \longrightarrow \gamma$。这表明,在熔化过程中的逆熔晶反应是一个吸热过程。接着是 γ 相熔化的吸热峰,熔晶 Cu-42.5％ Sn 的液相线温度是 994 K。

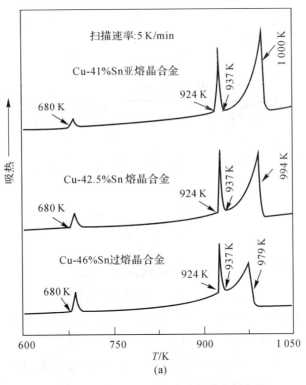

图 1-8　熔晶型 Cu-Sn 合金的热分析曲线

(a)熔化曲线;

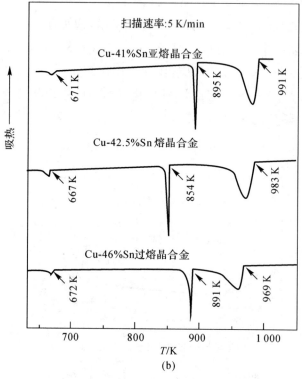

续图 1-8　熔晶型 Cu-Sn 合金的热分析曲线
（b）冷却曲线

　　除了随着 Sn 含量增多导致的液相线温度轻微升高之外，Cu-41% Sn 的过熔晶合金和 Cu-46% Sn 超熔晶合金的熔化曲线与 Cu-42.5% Sn 的熔晶合金很相似。如图 1-8(b)所示，不同成分的熔晶合金在凝固过程中的放热峰与熔化过程中的吸热峰对称。以冷却过程中的 Cu-42.5% Sn 熔晶合金为例，983K 时的放热峰代表初生 γ 相的析出。随后，当温度降低到 854 K 时，发生熔晶转变 γ ——→ε＋L，这里出现了 70 K 的过冷度。对于 Cu-41% Sn 的亚熔晶合金和 Cu-46% Sn 的过熔晶合金，它们的过冷度分别为 29K 和 33K。这些结果表明，如同液固相变一样，冷却过程中的过冷度是熔晶转变过程中液相成核所必需的。在此熔晶转变后，直到 667K 时包晶反应 ε＋L ——→η 开始，在此过程中液相和 ε 相不断反应生成包晶 η 相。与第一和第二个峰相比，与包晶反应相关的第三峰则显得更加微弱。这是因为能够发生包晶转变的液相体积十分有限。

　　图 1 – 9 表示的是 Cu – Sn 熔晶合金的凝固组织形貌，它们都是很相似的，均由黑色的 ε(Cu₃Sn) 相和白色的 η(Cu₆Sn₅) 相组成。在这三种熔晶合金中，ε 相均为粗大的柱状晶粒。当 Sn 的含量降低时，η 相的薄层分布在 ε 相的边界处，并且有一小部分的球状 η 相分布在 ε 相之中，如图 1 – 9(a) 和 (b) 所示。随着 Sn 含量的上升，ε 相边界处的 η 相晶粒彼此联结生成网状结构，并且有大量 η 相小晶粒在 ε 相中弥散，如图 1 – 9(c) 所示。

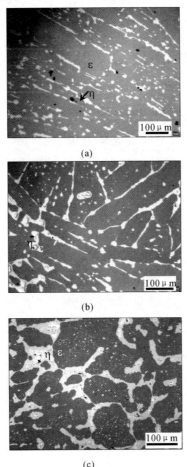

(a)

(b)

(c)

图 1 – 9　熔晶型 Cu – Sn 合金在 5 K/min 冷却速率下的凝固组织形貌

(a) Cu – 41% Sn 亚熔晶合金；　(b) Cu – 42.5% Sn 熔晶合金；　(c) Cu – 46% Sn 过熔晶合金

1.2 超声场中 Cu-70％Sn 合金的动态凝固

1.2.1 引言

近年来,包晶凝固机制在材料制备领域受到关注。很多材料,如 Fe-Ni[29] 和 Ti-Al[30] 等工业应用广泛的金属材料,如 Co-Sm-Cu[31] 和 Nd-Fe-B[32] 等磁性材料以及 YBCO 超导体[33] 都属于包晶型材料。在包晶生长过程中,初生 α 相总会从其母液相中优先析出,随后包晶 β 相依附初生相包裹生长[34]。由于包晶转变是一个很难完成的原子扩散控制过程,最终的凝固组织形态由大部分残留的初生相和少量包晶相构成[35]。

目前,对于包晶转变的研究主要集中于包晶生长机制,包括初生相和包晶相的共同生长[36-39],带状包晶体的形成[40],溶质分配[41],包晶转变速率和包晶相的生长速率等[42-43]。还有一些研究是关于包晶组织形态和物理特性之间的关系,表明了初生相的细化能够增强包晶合金的力学性能。同时,对于某些包晶合金体系来说,包晶相和初生相的体积比也是影响其力学性能的首要因素[34-44],举例来说,Nd-Fe-B 合金的磁性性能随凝固组织中包晶相体积分数的增加而显著增强[32]。因此,在科学研究和工业生产的过程中,如何主动调节凝固过程中初生相和包晶相的体积比成为亟待解决的课题。

通常来说,有两种基本途径能够改变包晶凝固组织形态。一种是快速凝固法,当过冷度增大时,初生相可以被显著细化。此外,如果过冷度足够高的话,亚稳液态合金中的初生相成核受到抑制,而包晶相会优先成核[45]。另一种方法是在包晶凝固过程引入物理场,如超声场,这种方法已被证实为改善凝固组织形态和提高力学性能的有效方法。超声场在合金熔体中传播时能够发生空化效应和声流等一系列非线性效应,显著影响合金的凝固规律[46]。超声作用下的合金凝固机制的研究多集中于 Al 基[47-49] 和 Mg 基[50-51] 合金。在超声场的作用下,粗大镁/铝枝晶得以细化,成为等轴或球状的晶粒。然而,关于超声对包晶凝固过程作用机制的报道却极其少见。

Cu-70％Sn 合金是一种典型的包晶合金,它的初生相是以小平面相方式生长的金属间化合物 ε(Cu₃Sn) 相,包晶相是另一种金属间化合物 η(Cu₆Sn₅)

相。它的包晶转变速率在普通条件下是极为缓慢的。本节将以超声场建立动态凝固条件，实验研究 Cu－70％Sn 合金在超声作用下的包晶动态凝固过程，考察包晶凝固组织形态随超声功率的演变规律，在此基础上揭示超声场中的包晶凝固机制。最后，通过对凝固合金试样诸如抗压缩性能以及显微硬度的测试，分析超声作用对合金力学性能的影响规律。

1.2.2　实验方法

实验在自行研制的超声场合金凝固实验装置中进行。超声换能器的共振频率是 20 kHz。在实验过程中，将 Cu－70％Sn 合金试样装入 Φ8 mm×40 mm 的不锈钢坩埚，其底部与换能器杆紧密连接。合金试样在氩气保护下于电阻炉中进行加热，其温度由 NiCr－NiSi 热电偶测定。当液态金属温度下降到比液相线温度高 100 K 时，打开超声换能器，超声波从合金试样底部传入液态合金直至凝固过程完全结束。超声换能器的输入电压分别为 0 V，50 V，100 V 和 200 V。经过估算，其对应的功率 P 分别为 0，110 W，220 W 和 440 W。实验结束后，对凝固试样进行纵切、镶嵌、抛光和腐蚀等一系列处理，再用 Rigaku D/max 2500 X 射线衍射仪（XRD）、蔡司 Axiovert 200 光学显微镜（OM）以及 Shimadzu 1720 电子探针（EPMA）分析凝固试样的相组成、微观结构和溶质分布。

利用 HMA Shimadzu 显微硬度测试仪检测凝固组织显微硬度。对每一点施加大小为 490.3 mN、持续时间为 15 s 的压力。利用 CSS44100 万能试验机对凝固试样进行静态压力测试。测试仪的载入速度设置为 0.3 mm/min，方向向下。为了保证测试结果的准确性，实验前进行空载的压力测试已完成基线校准。

1.2.3　冷却曲线与相组成分析

图 1－10（a）所示为 Cu－70％Sn 合金在二元 Cu－Sn 合金相图中的位置[52]。在近平衡态条件下，当温度降至 871K 时，初生 ε 相首先从液态 Cu－70％Sn 合金中析出。当温度达到 688K 时，包晶转变 L＋ε ⟶ η 开始进行。若继续冷却至 500 K 时，剩余液态合金中发生共晶转变 L ⟶ η＋（Sn）。图 1－10（b）所示的是 Cu－70％Sn 合金在静态条件和功率为 440 W 的超声场

作用下的冷却曲线。在静态凝固过程中,初生 ε 相的形核发生在 837 K,过冷度为 34 K。接着,包晶转变 L+ε ——→ η 发生在 664 K,最后是 483 K 时发生的共晶转变 L ——→ η+(Sn)。当加入功率为 440 W 的超声场时,液态合金凝固的过冷度下降到 26 K,这说明超声波可以促进晶体形核并且能抑制合金熔体过冷度的增大。然后,包晶转变发生于 672 K,比静态凝固高了 8 K。同时,值得一提的是,超声场延长了包晶转变的时间,与静态条件下相比,440 W 超声场作用下的包晶转变时间增至 479 s,远大于静态条件下的 262 s。当温度进一步降低,共晶转变同样是在 483 K 时反应。众多研究发现,超声不仅影响了相转变过程,也能够导致新的亚稳态金属间化合物的生成[53]。为了确定 Cu-70%Sn 合金的相组成,对不同超声功率下所制备的合金凝固试样分别进行了 XRD 分析,两种典型的 XRD 图谱如图 1-10(c)所示,静态条件下与超声场中合金凝固试样均由金属间化合物 ε(Cu₃Sn)相、η(Cu₆Sn)相以及固溶体(Sn)相构成,超声场的加入并未改变凝固组织相组成。然而,不同超声功率下的衍射峰强度有略微变化。

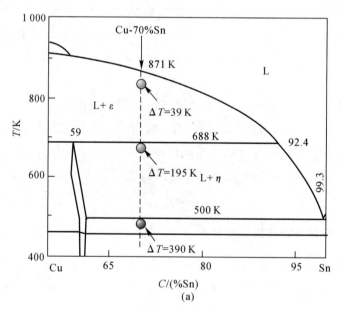

图 1-10　合金成分的选择,冷却曲线以及相组成规律

(a)Cu-70%Sn 在相图中的位置;

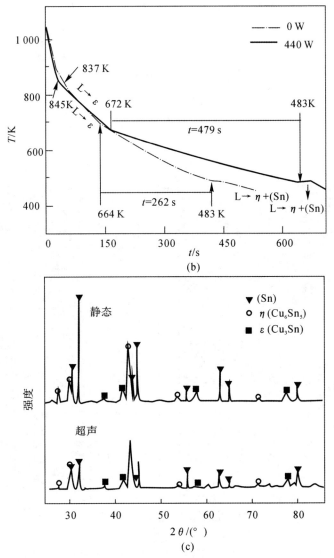

续图 1 - 10　合金成分的选择,冷却曲线以及相组成规律
(b)440 W 超声场作用下和静态凝固条件下的冷却曲线;　(c)静态和超声条件下凝固组织的 XRD 图谱

1.2.4　凝固组织演变特征

图 1 - 11 和图 1 - 12 表示的是 Cu - 70％Sn 合金在超声作用下的包晶生长

形态的改变,其中灰色相为初生 ε 相,白色相为包晶 η 相,余下的黑色部分表示的是最后凝固的共晶(η＋Sn)组织。从图 1-11(a)和(b)中可以看出,在静态条件下,初生 ε 相以小平面方式生长为长板条状,包晶 η 相则包裹初生 ε 相生长,形成带状夹层的包晶结构。与初生 ε 相相比,包晶 η 相的厚度十分薄,这说明在静态凝固过程中,包晶转变的程度十分有限。加入 110 W 的超声场后,带状的包晶结构依旧存在,只不过在超声的作用下,包晶组织变成了短小的碎棒状。

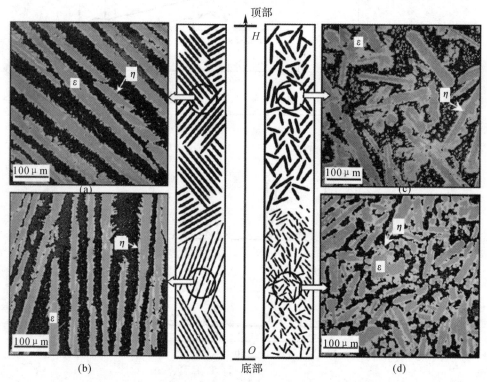

图 1-11　Cu-70％Sn 合金在静态和低超声两种情况下的包晶形态

(a)～(b)静态下凝固试样顶部和底部的组织形态；　(c)～(d) 110 W 超声场下的试样顶部和底部的组织形态

当超声功率增大至 220 W 时,从试样底部到顶部,呈现三个可明显辨别的区域Ⅰ,Ⅱ和Ⅲ,它们分别占据总高度的 10％,40％和 50％。如图 1-12(c)所示,在区域Ⅰ中形成了大量等轴晶组织,微观形态与静态条件下相比有了很大的变化;在区域Ⅱ中,凝固组织同时包含有短杆状夹层结构与等轴晶粒(见图

1-12(b))；在区域Ⅲ中，带状夹层结构重新出现，与 110 W 超声场下的情况类似。毋庸置疑的是，从试样底部到顶部这三个区域的形成是因为随着超声传播距离的增大，它对于包晶凝固的作用逐渐减弱。

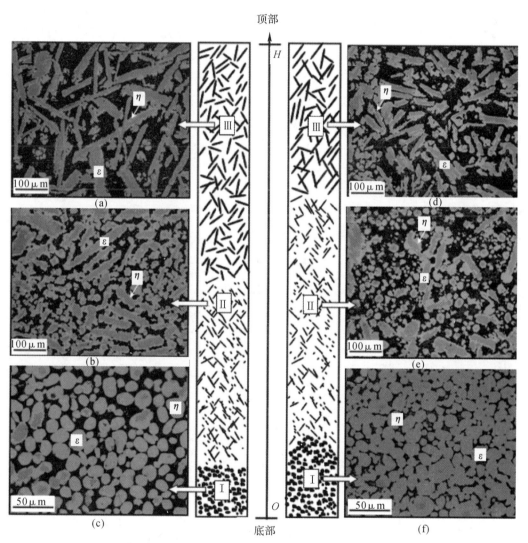

图 1-12　高功率超声场下 Cu-70%Sn 凝固的包晶合金样品在不同区域内的微观结构

(a)～(c) 220 W 超声场中的凝固组织形态；　(d)～(f) 440 W 超声场中的凝固组织形态

事实上，合金凝固过程中超声波的衰减是十分常见的，这一点已被其他学者所证实。当超声功率进一步增强至 440 W 时,如图1-12(d)～(f)所示,上述三个区域依旧存在,不过它们的高度发生了变化。图1-13 表示的是每个区域的体积随超声功率变化的关系。可以发现,随着超声功率的增大,等轴结构与混合结构区域所占的体积分数明显增大。从图1-12(c)和(f)中可以看出,大部分包晶晶粒内部中心还存在少量的初生 ε 相,但另有一些等轴包晶晶粒内部中心似乎已经不包含初生相。利用 EPMA(电子显微探针分析)对其溶质进行分析。如图1-14(a)所示,等轴晶粒中 Cu 和 Sn 元素的分布是非常一致的,Cu 和 Sn 的原子比被确认为 6∶5,说明这种晶粒仅由包晶 η 相所构成。当然,对于另一些等轴晶粒,它们是由大部分 η 相和其中被包裹的小部分 ε 相所组成的,如图1-14(b)所示。很明显,对于这些等轴晶粒,包晶转变进行的程度比较彻底。

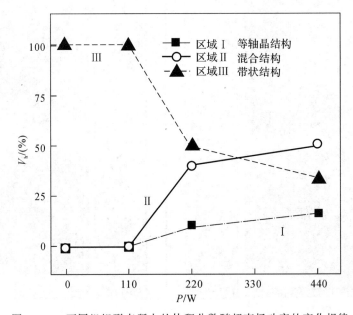

图1-13　不同组织形态所占的体积分数随超声场功率的变化规律

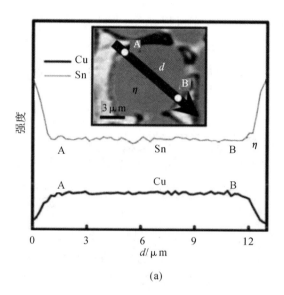

(a)

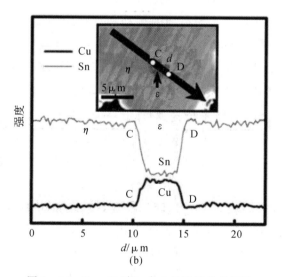

(b)

图 1 - 14   Cu - 70％Sn 合金的溶质分布特性

(a) 仅由包晶 η 相组成的等轴晶粒的 EPMA 分析；

(b) 少量残余 ε 相和包晶 η 组成的另一个等轴晶粒的 EPMA 分布

1.2.5 超声场中包晶合金的凝固机制

从上述包晶生长形态演变可以总结,超声场可以从以下两个方面对包晶凝固过程产生重要影响。第一,超声场对初生 ε 相有很显著的晶粒细化作用,并且强超声可以促进等轴晶粒的形成。图 1-15(a)表示的是初生 ε 相在凝固试样不同区域的长度随超声功率的变化趋势。在静态条件下,整个试样内部初生 ε 相的长度位于 5.6～7.6 mm 之间,加入超声场后,该尺寸的降低程度已经超过了一个数量级。在 440 W 的超声场作用下,凝固试样区域 I 中初生 ε 相等轴晶粒的最小长度为 77 μm。第二,包晶转变的进行程度会随着超声功率增大而明显增大。笔者统计了合金试样不同区域内,包晶组织中 η 相与 ε 相的平均厚度之比 d_η/d_ε,结果如图 1-15(b)所示。显然,该厚度比随着超声功率的增大呈上升趋势。从试样的底部到顶部,在静态条件下,该比率范围在 25.6%～30.8%;加入 110 W 的超声场后,该比率稍稍增到 30.0%～32.8%。当功率进一步增加时,该比率会急剧增大,尤其是对于试样区域 I 中的等轴晶粒。在功率为 220 W 和 440 W 的超声场作用下,厚度比分别显著增长到 84.3% 和 94.5%。这是由于超声场的振动和搅拌作用加快了包晶相中的溶质扩散,从而促使包晶反应进行彻底。

包晶转变速率受到包晶相和初生的固-固界面以及包晶相和母液的固-液界面之间的原子迁移速率共同控制。在包晶凝固过程中施加超声场,它首先能加速固-液界面之间的原子传输速度,这一点已经被其他研究者所证实[54]。另一方面,由超声场引发的初生相的细化能够降低溶质扩散长度,这也能够促进包晶转变加速进行。包晶转变速度可以由无量纲的傅里叶数[41]表示:

$$Fo = Dt/d^2 \qquad (1-23)$$

式中,$D = 3.49 \times 10^{-12}$ m^2/s [55],是固相扩散系数,t 是包晶转变时间,d 是包晶晶粒尺寸的一半。随着超声场对于初生相和包晶相晶粒尺寸的细化,溶质扩散的侧向传输距离减小。同时,超声场还延长了包晶转变时间。对于 Fo 的计算结果显示,静态条件下 Fo 的最大值约为 2.7。施加 110 W 的超声作用后,Fo 增大到 4.9。当超声功率进一步增大到 220 W 和 440 W 时,Fo 分别增大到 25.3 和 67.3,比静态条件下整整高出了一个数量级。Fo 的显著提高是超声场中包晶转变可以完全进行的最主要原因。

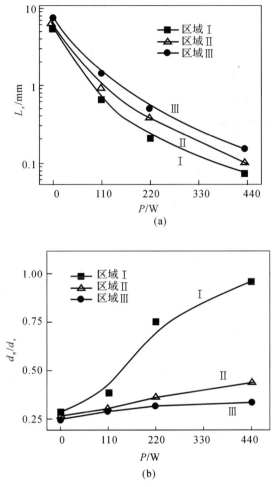

图 1-15　包晶组织随超声场功率的变化特征

(a)初生 ε 相的长度 L_ε；　(b) 包晶 η 相与初生 ε 相的平均厚度之比 d_η/d_ε

　　另外,值得一提的是,还有另外一种可能:若超声能量足够强,可使包晶 η 相直接从亚稳态母液相中形核和生长,此时的等轴晶粒仅由包晶 η 相组成(见图 1-14(a))。这说明强超声会显著改变包晶转变方式。空化效应是改变包晶转变机制的主要原因。空化效应能够在合金熔体内部产生数量级为 GPa[56]的巨大瞬变压力,液相线温度 T_p 随压力 P_L 的变化关系可由 Clausius - Clapeyron 方程给出:

$$T_P = T_m + T_L \cdot \Delta V / \Delta H_m \cdot (P_L - P_0) \qquad (1-24)$$

式中,T_L是大气压 P_0下的液相线温度,ΔV 和 ΔH_m分别是液-固转变中的体积变化和焓变。对于 Cu-70%Sn 合金,$T_L = 871$ K,$\Delta V = 3.6 \times 10^{-7}$ m³/mol,$\Delta H_m = 8.03$ kJ/mol。如图 1-16 所示,假设空化效应产生的强压力达到了 1~10 GPa,经过计算,局部过冷度提高了 39~390 K,这一过冷度的范围也标记于图 1-10(a)中,它的最小值远低于包晶反应温度。所以,对于 Cu-70%Sn 合金,高的局域过冷度有可能导致包晶相直接从亚稳的合金熔体中形核和生长,而抑制初生相的成核和包晶转变。

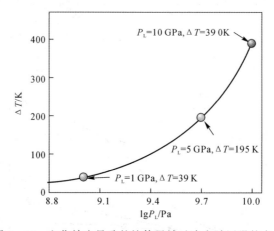

图 1-16 空化效应导致的熔体局域过冷度随压强的变化

图 1-17 描述了超声场中两种包晶的凝固过程。局域过冷度足够大时,可以促使包晶相直接在空化点处形核和生长,抑制初生相的析出和包晶转变。同时,空化效应能够以空化点为中心形成局部环流,此处温度、浓度和流场是呈径向对称的,从而固液界面前沿也是呈三维空间对称的。因此,包晶相在各个方向表现出了相同的生长速度,并且其优先生长的方向也被限制,这导致了包晶组织仅由等轴生长的包晶相组成。反之,若局部过冷度不够高,无法引起包晶 η 相直接的形核生长,或者是熔体内部存在其他异质晶核,则初生 ε 相会优先生成而包晶转变随后发生,从而导致后者的凝固组织包含了初生 ε 相和包晶 η 相的等轴晶粒。在这种情况下,即使是超声作用也很难改变包晶合金的凝固路径。但与静态条件下相比,超声作用大大加快了包晶相中的溶质扩散,显

著增加了包晶反应的进行程度。

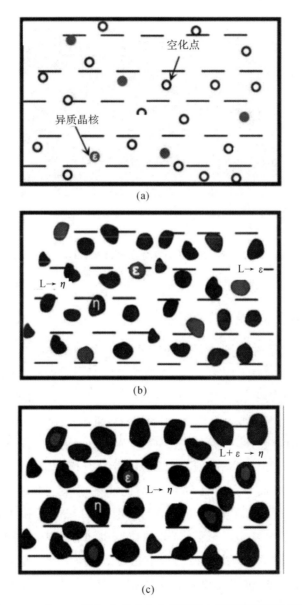

图 1 - 17　Cu - 70％Sn 包晶合金在超声场中的凝固过程示意图

(a)空化效应引起的空化形核和熔体中的异质晶核；

(b)在较大的局域过冷下包晶 η 相的直接形核与生长以及在较小的局域过冷下初生 ε 相的生长；

(c)包晶转变以及连续的包晶 η 相生成；

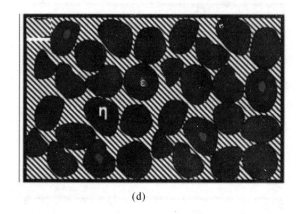

(d)

续图 1-17　Cu-70％Sn 包晶合金在超声场中的凝固过程示意图
(d)包晶转变和最终的共晶凝固

1.2.6　凝固组织力学性能

图 1-18 表示了在不同功率的超声作用下合金试样顶端和底端的抗压应力-应变曲线,其中 σ 表示应力,ε_0 代表应变。显然,随着外加荷载应力的增加,所有合金试样首先达到初始屈服点。随后,由于存在着内部缺陷,合金试样会出现软化的趋势。在静态条件下,顶部与底部压缩强度分别约为 70 和 80 MPa。很明显,随着超声功率的增大,Cu-70％Sn 合金的压缩强度呈上升趋势,这证明超声场可以提高合金试样的力学性能。然而,由于超声波在样品中传播的衰减,每个样品顶部的压缩强度均比底部的小。在最大功率为 440 W 的超声场下,试样顶部和底部的压缩强度分别为 217 MPa 和 387 MPa,分别比静态条件下提高了 3.0 和 4.8 倍。同时,应变也随着超声功率的增强而有所增大,从静态条件下的 5％升高至最大功率超声下的 9％。这都证明了 Cu-70％Sn 合金中初生相的晶粒细化和包晶相体积分数的增大可以促使 Cu-70％Sn 包晶合金抗压缩性能的提高。

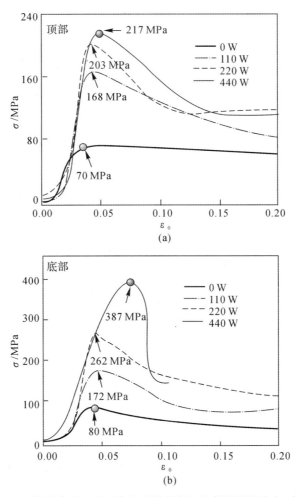

图 1-18　不同功率的超声下合金试样顶部和底部的抗压应力-应变曲线

(a)顶部；　(b)底部

图 1-19 描述了初生 ε 相显微硬度随超声功率的变化关系。在静态条件下,试样顶端初生 ε 相的显微硬度分布在 311～337 HV 之间,而底端则在 340～377 HV 之间,平均值分别为(322.7±7.7)HV 和(355.5±10.3) HV。引入超声场之后,初生 ε 相的显微硬度随功率增加呈单调递增趋势。当超声功率为 440 W 时,试样顶端显微硬度达到了(465.6±16.5) HV,底端显微硬度则为(514.6±4.3)HV,分别比静态条件下提高了 44.3％和 44.8％。因此,超

声场所导致的初生 ε 相的晶粒细化提高了其显微硬度。

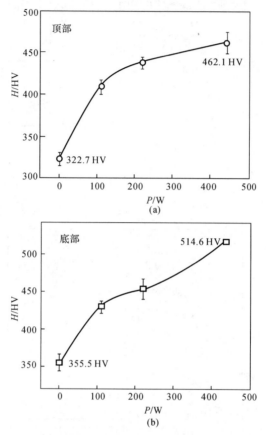

图 1-19　初生 ε 相的显微硬度随超声场功率的变化
(a)试样顶部；　(b)试样底部

1.3　Cu-70‰Sn 合金的深过冷与快速凝固

1.3.1　引言

在包晶生长过程中,初生固相 α 最先析出,紧接着包晶 β 相在 α 相周围形核生长。由于包晶反应是一个原子扩散过程,而该过程很难完成,所以最终的包晶凝固组织中通常包含少量的包晶相和大部分残余的初生相[59]。对于一些包晶合金,凝固组织中包晶相的体积分数对其物理性能有着重要影响,如 Nd-Fe-B 合金[60],若增加包晶相的体积分数,则其磁性会显著增强。因此,研究包晶反应中的相选择机制以及如何主动控制包晶凝固过程以调节初生相和包晶相的比例具有重要的科学意义和应用价值。

一些学者的研究结果表明,深过冷下包晶合金的凝固路径较之平衡条件下会发生明显改变[61-62]。刘等人[61]发现当 Fe-Ni 合金的过冷度超过某一临界值时,能够抑制包晶相的生成,初生相单独从液态合金中凝固。Löser 等人[62]发现在中等过冷条件下,平衡凝固路径会部分地被包晶相的直接结晶所替代。然而,现有的大量研究集中在液相线温度 T_L 和包晶反应温度 T_p 之间具有较窄温度间隙的包晶合金,而对于结晶温度较宽的包晶体系的相关研究却寥寥无几。基于此,本节从理论上预测并用实验验证在深过冷状态下,具有宽广结晶范围的 Cu-70%Sn 合金在快速凝固过程中可以获得 100% 的包晶相。

1.3.2　实验方法

Cu-70%Sn 合金的快速凝固通过熔融玻璃净化和落管两种方法实现。用纯 Cu(99.999%)和 Sn(99.999%)配置 1.20 g 的母合金试样。在熔融玻璃净化实验中,将覆盖有 B_2O_3 净化剂的合金试样置于 Al_2O_3 坩埚中,并放入真空度达 10^{-4} Pa 的真空室。在 Ar 气氛的电阻炉中加热使合金试样熔化,在 1 300 K 的温度下过热 5 min 后,将合金试样移出电阻炉使其自由凝固。实验过程中合金试样的温度由 NiCr-NiSi 热电偶记录。

在落管试验中,先将落管抽真空到 10^{-4} Pa 并反充惰性气体到 10^5 Pa,然后将合金试样放入一个底部具有 Φ 0.3 mm 孔的石英管,并且安装在 3 m 落管的顶部。感应加热熔化后,施加 Ar 气流使试样从石英试管底部小孔喷出。液滴在自由下落的过程中实现无容器过冷和快速凝固。利用 Zeiss Axiovert 光学显微镜(OM),FEI Siron 200 扫描电子显微镜(SEM)和牛津 INCA 300 能谱仪(EDS)研究凝固组织的形态和溶质分布特征。

1.3.3　熔融玻璃深过冷

图 1-20(a)给出了 Cu-70%Sn 合金在二元 Cu-Sn 相图中的位置。它的

液相线温度为 871 K,液相线温度与包晶反应线之间的温度间隔为 191 K[35]。为了预测非平衡条件下的凝固方式,根据经典的形核理论,由过冷度 ΔT 计算形核速率 I 的公式[63]如下:

$$I = 10^{41} \exp[-16\pi\sigma_{SL}^3 T_L^2/(3\Delta H_m \Delta T k T f(\theta))] \exp[-Q/(RT)] \quad (1-25)$$

取润湿角 $f(\theta) = 1$,初生相和包晶相的形核率计算结果如图 1-20(b)所示,计算所需物理参数列于表 1-2。可以看出,当过冷度小于 269 K 时,初生 ε 相的形核速率大于包晶 η 相,表明在凝固过程中 ε 相优先从合金熔体中析出,包晶 η 相在随后的包晶转变中形成。一旦过冷度 $\Delta T_c = 269$ K,包晶 η 相的形核速率超过 ε 相,这表明 ε 相不再作为初生相形核,包晶 η 相可以不经过包晶转变直接从亚稳液态合金形核生长,如图 1-20(a)中箭头所示。对于二元 Cu-70%Sn包晶合金,熔融玻璃净化实验可获得 $20 \sim 201$K$(0.23T_L)$ 的过冷度,图 1-21 显示的是该合金的凝固组织特征。当 $\Delta T = 20$ K 时,小平面初生 ε 相长成粗条状,而包晶 η 相围绕 ε 相形成薄薄的一层包裹初生相生长。各个包晶晶粒之间取向一致进而形成层片结构。当 $\Delta T = 201$ K 时,初生 ε 相明显细化但层片结构被保留,这说明虽然合金熔体过冷度比包晶温度小 10 K,包晶转变仍然发生,合金的凝固路径并未发生变化。如图 1-21(c)所示,包晶层片间距 λ 和过冷度 ΔT 之间的函数关系如下:

$$\lambda = 1.3 \times 10^3 \Delta T^{-0.8} \quad (1-26)$$

表 1-2　计算 Cu-70%Sn 合金的形核率所用物理参数

物理参数	$\varepsilon(Cu_3Sn)$	$\eta(Cu_6Sn_5)$
液固界面能 $\sigma_{SL}/(J \cdot m^{-2})$	0.165 9	0.092 14
液相线温度 T_L/K	871[35]	680[35]
熔化焓 $\Delta H_m/(J \cdot m^{-3})$	$8.01 \times 10^{8[35]}$	8.69×10^8
扩散激活能 $Q/(J \cdot mol^{-1})$	$2.89 \times 10^{7[64]}$	
玻尔兹曼常数 $k/(J \cdot K^{-1})$	1.38×10^{-23}	
气体常数 $R/(J \cdot mol^{-1} \cdot K^{-1})$	8.314	

注:σ_{SL}由公式 $\sigma_{SL} = \alpha \Delta S_f N_A^{-1/3} V_m^{-2/3}$ 计算,其中,ΔS_f 为熔化熵,N_A 是阿伏伽德罗常数,V_m 是摩尔体积,$\alpha = 0.86$ 为形状因子。

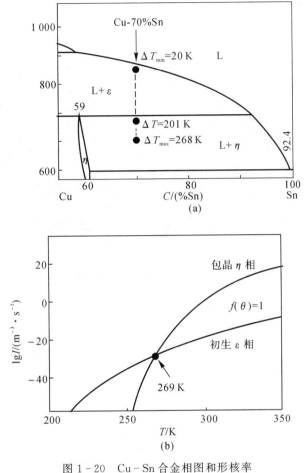

图 1-20　Cu‑Sn 合金相图和形核率

(a)Cu‑70%Sn 在二元相图中的位置；　(b) 初生相和包晶相的形核率随过冷度的变化

通过实验过程中所测定的冷却曲线，可以估算出不同过冷度下的 Cu‑70%Sn 合金试样的冷却速率均为 5～6 K/s。这样，层片结构的变化主要受过冷度的控制。过冷度的增大会显著增大初生相的形核率，这些因素导致初生相的细化和相间距的减小。包晶相与初生相的宽度比 d_η/d_ε 与 ΔT 的关系如下：

$$d_\eta/d_\varepsilon = -0.02 + 5.07 \times 10^{-3} \Delta T \qquad (1-27)$$

由此可见，深过冷导致的初生相细化扩大了它与残余液相之间的界面区域。因此,随后的包晶反应进行程度大大增加,从而包晶相在凝固组织中的体积分数也相应增加。

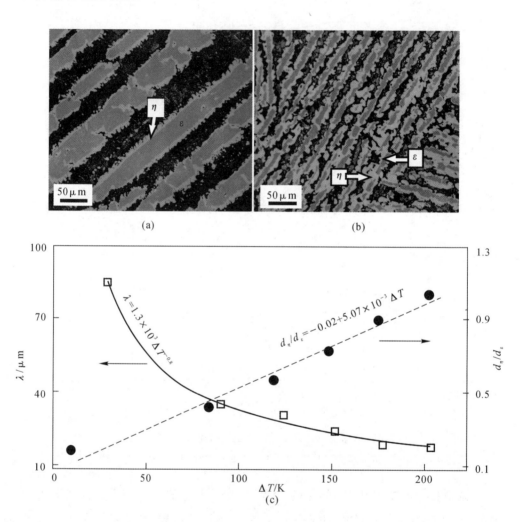

图 1-21 Cu-70%Sn 合金凝固组织形态

(a)ΔT=20 K 时的层片结构; (b) ΔT=201 K 时细化的层片结构;

(c)包晶相与初生相的宽度比 d_η/d_ε 与 ΔT 的关系

1.3.4 落管无容器处理

落管中下落合金液滴的最大过冷度通常大于熔融玻璃净化中的大块试

样,这也是采用落管技术对 Cu－70％Sn 合金进行深过冷与快速凝固的主要原因。本节所述落管实验中液滴凝固后直径在 $80\sim950~\mu m$。对于 $D>150~\mu m$ 的大液滴,如图 1－22(a)所示,与熔融玻璃实验结果不同,初生 ε 相不再呈粗大的板条状,而是呈分枝状生长。其形态由过冷度和冷却速度共同决定。在落管中,随着样品尺寸的减小,小液滴的冷却速率从 $10^2~K/s$ 增加到 $10^4~K/s$,较熔融玻璃净化中大得多。这就解释了为什么尽管在相近的过冷度下,两者的形貌有如此大的差别。由于熔融玻璃净化实验中的冷却速率较小,初生相以小平面生长方式形成长条状;而落管中较大的冷却速率导致类似于非小平面形貌的生长。可以看出,初生相外面也有一层薄薄的包晶相包裹初生相生长,说明该液滴凝固过程中发生了包晶转变。一旦 D 小于 $150~\mu m$,如图 1－22(b) 所示,只有单一灰色相在整个液滴内等轴生长。EDS 分析表明,这是包晶 η 相 (含约 55％的 Cu 和 45％的 Sn),整个凝固粒子中没有检测到初生 ε 相。这证明在该液态合金液滴的凝固过程中,包晶相直接从亚稳合金中形核生长,而初生相的生成以及包晶转变都受到了抑制。这一现象和基于形核速率的计算结果从理论上推测出的包晶生长机制完全相符。

对于落管实验,直接测定下落液滴的过冷度比较困难,然而,可以通过热输运模型[65-66]进行理论估算。如图 1－22(c)给出了落管中液滴过冷度的计算结果。回归所得的 ΔT 和 D 之间的关系如下:

$$\Delta T = 1.59 \times 10^3 D^{-0.4} \tag{1-28}$$

从图 1－22 中可以看出,D 从 950 μm 降到 80 μm,ΔT 从 97 K 增加到 268 K$(0.31T_L)$,这一最大的过冷度也标记于图 1－20(a)中,比包晶反应温度低 77 K。对于 $D=150~\mu m$ 的液滴,对应包晶生长机制转变的温度 ΔT_c^* 为 220 K,较均质形核的 $\Delta T_c=269$ K 低。这是因为在落管无容器处理过程中,小液滴的主要形核方式仍然为异质形核,即 $f(\theta)<1$。实际的形核率 I 随过冷度 ΔT 变化的曲线类似于图 1－20(b)所示,但向左平移。尽管由于液滴内部润湿角未知而很难得到 ΔT_c^* 和 ΔT_c 的一致,但我们认为,在深过冷条件下,通过抑制初生相的生成和包晶转变的发生可以使包晶相优先从亚稳液相中形核,从而得到 100％的包晶组织。

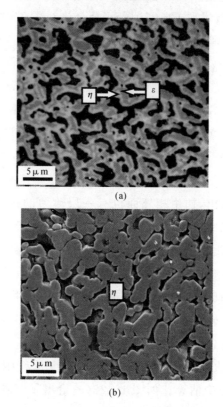

(a)

(b)

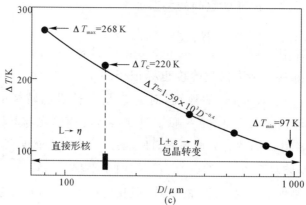

(c)

图 1 - 22 Cu - 70%Sn 合金液滴的凝固组织形貌

(a)直径 $D=950\ \mu m$ 时液滴分枝状生长的光学显微形貌；

(b)直径 $D=150\mu m$ 时液滴的电子显微形貌； (c)ΔT 与 D 的关系

1.4　本 章 小 结

本章首先主要采用 DSC 分析方法实验测定了二元 Cu-Sn 合金在整个成分范围内的热力学性质,探讨了不同类型 Cu-Sn 合金在近平衡条件下的凝固组织形态特征。其次以超声场建立动态凝固条件,实验研究了 Cu-70%Sn 包晶合金在超声场中的动态凝固过程。通过研究包晶组织的形态演变,揭示了超声场中的包晶生长机制。作为对比研究,采用熔融玻璃和落管无容器处理技术,实现了 Cu-70%Sn 包晶合金的深过冷和快速凝固,阐明了深过冷条件下包晶合金的快速凝固机制。主要得到以下三方面的结论:

(1) 系统测定了 Cu-Sn 合金在整个组分范围内的液相线温度,并在此基础上得到液相线斜率随 Sn 含量的变化。测得的熔化焓随 Sn 含量的变化可以用多项式函数表示。熔化焓分别在 55%Sn 处取得一个极大值,在 28.9%Sn 和 90%Sn 处取得两个极小值。在近平衡条件下,包晶反应很难彻底进行,凝固组织中包含大量剩余初生相和少量包晶相。在冷却条件下发生的熔晶转变 $\gamma \longrightarrow \varepsilon + L$ 需要较大的过冷度,且熔晶转变是一个放热过程。

(2) 强超声场的加入可从以下三个方面影响包晶凝固。首先,超声作用能够显著细化初生 ε 相的晶粒尺寸。其次,超声场可通过加快溶质扩散而促进包晶转变程度增加,使得包晶相在整个凝固组织中的体积分数增大。最后,超声场的空化效应所引发的熔体局域深过冷能够促使包晶 η 相直接从过冷熔体中形核和生长,而抑制初生相的析出和包晶转变的发生。在凝固过程中施加超声作用可以显著提高 Cu-70%Sn 合金的力学性能,其压缩强度和显微硬度在加入超声后分别提升了 4.80 和 1.45 倍。

(3) 在落管快速凝固实验中,当液态 Cu-70%Sn 合金的过冷度超过临界值 220 K 时,在凝固的合金粒子中可以获得 100% 的包晶 η 相。这表明在深过冷条件下,包晶凝固机制为包晶相直接从过冷熔体中形核和生长。深过冷条件下包晶生长机制的转变源于包晶和初生相的竞争形核。深过冷抑制了初生相的形核和包晶转变的发生,使包晶相优先从亚稳液相中形核。在熔融玻璃实验中,若 Cu-70%Sn 液态合金过冷度低于 201 K,凝固组织形态表现为薄层状包晶相包裹粗板条状初生相生长。随着过冷度的增加,初生相显著细化,包晶反应被促进,导致层片间距的减小和包晶相体积分数的上升。

参 考 文 献

[1] Kohler F, Campanella T, Nakanishi S, et al. Application of single pan thermal analysis to Cu – Sn peritectic alloys [J]. Acta Materialia, 2008, 56(7):1519 – 1528.

[2] Zhao Y, Bian X F, Qin J Y, et al. Structural evolution in the solidification process of Cu – Sn alloys [J]. Journal of Non-Crystalline Solids, 2007, 353(52):4845 – 4848.

[3] Zhao Y, Bian X F, Qin J Y, et al. X – ray diffraction experiments on $In_{30}Sn_{70}$ from normal liquid to solidus [J]. Physics Letters A, 2006, 356 (4):385 – 391.

[4] Qin J Y, Liu H, Gu T K, et al. The complex structure of liquid Cu_6Sn_5 alloy [J]. Journal of ~ Physics: Condensed ~ Matter, 2009, 21 (15):155106.

[5] Hou J X, Sun J J, Zhan C W, et al. The structural change of Cu – Sn melt [J]. Science China Physics, Mechanics & Astronomy, 2007, 50 (4):414 – 420.

[6] Adhikari D, Jha I S, Singh B P. Thermodynamic and microscopic structure of liquid Cu – Sn alloys [J]. Physica B, 2010, 405(15):1861 – 1865.

[7] Pang X Y, Wang S Q, Zhang L, et al. First principles calculation of elastic and lattice constants of orthorhombic Cu_3Sn crystal [J]. Journal of Alloysand Compounds, 2008, 466(15):517 – 520.

[8] Miettinen J. Thermodynamic-kinetic model for the simulation of solidification in binary copper alloys and calculation of thermophysical properties [J]. Computational Materials ~ Science, 2006, 36 (4): 367 – 380.

[9] Prasad L C, Mikula A. Effect of temperature on the surface properties of Cu – Sn liquid alloys [J]. Journal of Alloysand Compounds, 2001, 314(1):193 – 197.

[10] Liu X J, Wang C P, Ohnuma I, et al. Experimental investigation and

thermodynamic calculation of the phase equilibria in the Cu－Sn and Cu－Sn－Mn systems [J]. Metallurgical and Materials Transactions A，2004，35(6):1641－1654.

[11] Chen J，Zu F Q，Li X F，et al. Influence of a liquid structural change on the solidification of the alloy $CuSn_{30}$ [J]. Metals and Materials International，2008，14(5):569－574.

[12] Kohler F，Germond L，Wagnie`RE J－D，et al. Peritectic solidification of Cu－Sn alloys: Microstructural competition at low speed [J]. Acta Materialia，2009，57(1):56－68.

[13] Valloton M，Wagnie`Re J D，Rappaz M. Competition of the primary and peritectic phases in hypoperitectic Cu－Sn alloys solidified at low speed in a diffusive regime [J]. Acta Materialia，2012，60(9):3840－3848.

[14] Ventura T，Terzi S，Rappaz M，et al. Effects of solidification kinetics on microstructure formation in binary Sn－Cu solder alloys [J]. Acta Materialia，2011，59(4):1651－1658.

[15] Legg B A，Schroers J，Busch R. Thermodynamics，kinetics，and crystallization of $Pt_{57.3}Cu_{14.6}Ni_{5.3}P_{22.8}$～bulk metallic glass [J]. Acta Materialia，2007，55(3):1109－1116.

[16] Kopp H. Investigations of the specific heat of solid bodies [J]. Philosophical Transactions of the Royal Society of London，1865，155:71－202.

[17] Wilde G，Gorler G P，Willnecker R. Hypercooling of completely miscible alloys [J]. Applied～Physics～Letters，1996，69(20):2995.

[18] Mahmoudi J，Frediksson H. Thermal analysis of copper－tin alloys during rapid solidification [J]. Journal of Materials～Science，2000，35:4977－4987.

[19] Battersby S E，Cochrane R F，Mullis A M. Microstructural evolution and growth velocity-undercooling relationships in the systems Cu，Cu－O and Cu－Sn at high undercooling [J]. Journal of Materials～Science，2000，35:1365－1373.

[20] Lograsso T A，Hellawell A. The cata- or metatectic reaction－

occurrence and microstructural development [J]. Metallurgicaland Materials Transactions A, 1996, 19A:3097 - 3100.

[21] Stier M, Rerrenmayr M. Microstructural evolution in near - metatectic Cu - Sn alloys [J]. Journal of Crystal Growth, 2008, 311:137 - 140.

[22] Witusiewicz V T, Sturz L, HECHT U, et al. Thermodynamic description and unidirectional solidification of eutectic organic alloys: I. Succinonitrile - (d) camphor system [J]. Acta Materialia, 2004, 52: 4561 - 4571.

[23] Curiotto S, Battezzati L, JOHNSON E, et al. Thermodynamics and mechanism of demixing in undercooled Cu - Co - Ni alloys [J]. Acta Materialia, 2007, 55:6642 - 6650.

[24] Zarembo S N, Myers C E, Kematick R J, et al. Vaporization thermodynamics and heat capacities of Cr_3Ge and Cr_5Ge_3 [J]. Journal of Alloysand Compounds, 2001, 329:97 - 107.

[25] Laroughe D, Laroughe C, Bouchard M. Analysis of differential scanning calorimetric measurements performed on a binary aluminium alloy [J]. Acta Materialia, 2004, 51:2161 - 2170.

[26] Wang X Y, Jie W Q. Controlled melting process of off - eutectic alloy [J]. Acta Materialia, 2004, 52:415 - 422.

[27] Saunders N, Miodownik A P. Phase formation in co - deposited metallic alloy thin films [J]. Journal of Materials Science, 1987, 22: 629 - 637.

[28] Larsson K A, Stenberg L, Lidin S. The superstructure of domain - twinned' - Cu_6Sn_5 [J]. Acta Crystallographica Section B, 1994, 50:636 - 643.

[29] Vandyoussefi M, Kerr H W, Kurz W. Two - phase growth in peritectic Fe - Ni alloys [J]. Acta Materialia, 2000, 48:2297 - 2306.

[30] Biswas K, Hermann R, Das J, et al. Tailoring the microstructure and mechanical properties of Ti - Al alloy using a novel electromagnetic stirring method [J]. Scripta Materialia, 2006, 55:1143 - 1146.

[31] Koyama T. Phase - field modeling of microstructure evolutions in magnetic materials [J]. Scienceand Technology of Advanced Materials,

2008，9：013006.

[32] Scott D W，Ma B M，Liang Y L，et al. Microstructural control of NdFeB cast ingots for achieving 50 MGOe sintered magnets [J]. Journal of Applied Physics，1996，79：4830.

[33] VolochovÅ D，Diko P，Antal V，et al. Influence of Y_2O_3 and CeO_2 additions on growth of YBCO bulk superconductors [J]. JournalofCrystalGrowth，2012，356：75-80.

[34] S T John D H，Hogan L M. A simple prediction of the rate of the peritectic transformation [J]. ActaMetallurgica，1987，35：171-174.

[35] Zhai W，Wang W L，Geng D L，et al. A DSC analysis of thermodynamic properties and solidification characteristics for binary Cu-Sn alloys [J]. Acta Materialia，2012，60：6518-6527.

[36] Valloton J，WagnieÈRe J D，Rappaz M. Competition of the primary and peritectic phases in hypoperitectic Cu-Sn alloys solidified at low speed in a diffusive regime [J]. Acta Materialia，2012，60：3840-3848.

[37] Dobler S，Lo T S，Plapp M，et al. Peritectic coupled growth [J]. Acta Materialia，2004，52：2795-2808.

[38] Boettinger W J，Coriell S R，Greer A L，et al. Solidification microstructures：recent developments，future directions [J]. Acta Materialia，2000，48：43-70.

[39] Asta M，Beckermann C，Karma A，et al. Solidification microstructures and solid-state parallels：recent developments，future directions [J]. Acta Materialia，2009，57：941-971.

[40] Boussinot G，Brener E A，Temkin D E. Kinetics of isothermal phase transformations above and below the peritectic temperature：Phase-field simulations [J]. Acta Materialia，2010，58：1750-1760.

[41] Tourret D，Gandin C A. A generalized segregation model for concurrent dendritic，peritectic and eutectic solidification [J]. Acta Materialia，2009，57：2066-2079.

[42] Ha H P，Hunt J D. A numerical and experimental study of the rate of transformation in three directionally grown peritectic systems [J].

Metallurgical and Materials Transactions A，2000，31:29 - 34.

[43] Phelan D，Reid M，Dippenaar R. Kinetics of the peritectic reaction in an Fe - C alloy [J]. MaterialsScienceandEngineering：A，2008，477：226 - 232.

[44] Appel F，Wagner R. Microstructure and deformation of two - phase γ - titanium aluminides [J]. Materials Science and Engineering：R：Reports，1998，22:187 - 268.

[45] Zhai W，Wei B. Direct nucleation and growth of peritectic phase induced by substantial undercooling condition [J]. Materials Letters，2013，108:145 - 148.

[46] Chinnam R K，Fauteux C，Neuenschwander J,et al. Evolutionof the microstructure of Sn - Ag - Cu solder joints exposed to ultrasonic waves during solidification [J]. Acta Materialia，2011，59:1474 - 1481.

[47] Wannasim J，Martinez R A，Flemings M C. Grain refinement of an aluminum alloy by introducing gas bubbles during solidification [J]. ScriptaMaterialia，2006，55:115 - 118.

[48] Jian X，Meek T T，Han Q. Refinement of eutectic silicon phase of aluminum A356 alloy using high - intensityultrasonicvibration [J]. ScriptaMaterialia，2006，54:893 - 896.

[49] Das A，Kotadia H R. Effect of high - intensity ultrasonic irradiation on the modification of solidification microstructure in a Si - rich hypoeutectic Al - Si alloy [J]. Materials Chemistry and ～ Physics，2011，125:853 - 859.

[50] Qianm，Ramirez A. An approach to assessing ultrasonic attenuation in molten magnesium alloys [J]. Journal of Applied Physics，2009，105:013538.

[51] Bantibhai P，Chaudhari G P，Bhingole P P. Microstructural evolution in ultrasonicated AS41 magnesium alloy [J]. Materials Letters，2012，66:335 - 338.

[52] Saunders N，Miodownik A P. Phase formation in co - deposited metallic alloy thin films [J]. Journal of Materials～Science，1987，22:629.

[53]　Campell J. Effects of vibration during solidification [J]. International Materials Reviews，1981，26：71‐108.

[54]　Sander J R G，Zeiger B W，Suslick K S. Sonocrystallization and sonofragmentation ［J］. Ultrasonics Sonochemistry，2014，21：1908‐1915.

[55]　Lv H Y，Li S M，Liu L，Fu H Z. Peritectic phase growth in directionally solidified Cu‐70％ Sn alloy [J]. Science China Physics，Mechanics & Astronomy，2007，50(4)：451‐459.

[56]　Barberbp，Putterman S J. Observation of synchronous picosecond sonoluminescence [J]. Nature，1991，352：318‐320.

[57]　Chow R，Blindt R，Chivers R，et al. A study on the primary and secondary nucleation of ice by power ultrasound [J]. Ultrasonics，2005，43(4)：227‐230.

[58]　Zhai W，Hong Z Y，Xie W J，et al. Dynamic solidification of Sn‐38.1％ Pb eutectic alloy within ultrasonic field ［J］. Chinese Science Bulletin，2011，56(1)：89‐95.

[59]　Luo W Z，Shen J，Min Z X，et al. A band microstructure in directionally solidified hypo‐peritectic Ti‐45Al alloy[J]. Materials Letters，2009，63(16)：1419‐1421.

[60]　Biswas K，Hermann R，Wendrock H，Et Al.. Effect of melt convection on the secondary dendritic arm spacing in peritectic Nd‐Fe‐B alloy [J]. Journal of Alloys and Compounds，2009，480(2)：295‐298.

[61]　Chen Y Z，Liu F，Yang G C，et al. Suppression of peritectic reaction in the undercooled peritectic Fe‐Ni melts[J]. Scripta materialia，2007，57(8)：779‐782.

[62]　Leonhardt M，LÖSer W，Lindenkreuz H G. Non‐equilibrium solidification of undercooled Co‐Si melts[J]. Scripta materialia，2004，50(4)：453‐458.

[63]　Kurz W，Fisher D J. Fundamentals of Solidification[J]. Switzerland：Trans Technol Publications Ltd，1989.

[64]　Takenaka T，Kano S，Kajihara M，et al. Growth behavior of compound layers in Sn/Cu/Sn diffusion couples during annealing at

433 - 473K[J]. Materials Science and Engineering：A，2005，396(1)：115 - 123.

[65] Lee E S，Ahn S. Solidification progress and heat transfer analysis of gas - atomized alloy droplets during spray forming [J]. Acta metallurgica et materialia，1994，42(9):3231 - 3243.

[66] Ruan Y，Dai Fp，Wei B. Formation mechanism of the primary faceted phase and complex eutectic structure within an undercooled Ag - Cu - Ge alloy[J]. Applied Physics A，2011，104(1):275 - 287.

第 2 章 二元 Cu‑Ge 合金的热力学和 凝固组织特性

2.1 引　言

二元 Cu‑Ge 合金由于其优异的物理和化学性质,如低的室温电阻和高的热稳定性而引起了许多研究者的关注[1-5]。研究二元液态 Cu‑Ge 合金的热力学性质和凝固特性对于理解这些物理和化学性质有着很重要的意义[6-11]。因此,近些年来许多科学家致力于该课题[12-15]研究。

到目前为止,Castanet[16]已经利用高温量热计方法测定了不同温度下二元液态 Cu‑Ge 合金的混合热焓。Predel 和 Schallner[17]在温度为 1 000 K 时用溶解量热法测量了 α(Cu)固溶体的形成焓。此外,Wallbrecht[18]用差示扫描量热法研究了 ε_1(Cu$_3$Ge)金属间化合物在 230～1 000 K 温度范围内的热容。Gruner 等[13]研究了从液相线到 1 373 K 之间温度范围内液态 Cu‑Ge 合金的密度和表面张力。最近,Wang 等人[19-20]采用相图计算方法评估了二元 Cu‑Ge合金系统的过剩吉布斯能量。熔化焓是一个基本的热力学参数,在计算吉布斯自由能和确定晶体成核与生长过程中起着重要的作用[21],然而还没有二元 Cu‑Ge 合金相关的文献报道。虽然,二元合金的熔化焓可以由 Neumann‑Kopp 规则从两个纯组分的值大约地估计出来[22],但是该方法通常带来很大误差,特别是当两个元素之一是半导体元素,如 Si,Ge 或 Sb 等时。这是因为半导体元素的熔化焓远远高于金属元素的熔化焓。从这个角度看,二元 Cu‑Ge 合金的熔化焓应该通过实验测量。

另一方面,对 Cu‑Ge 包晶合金的定向凝固和快速凝固已有一些研究。例如,过包晶 Cu‑Ge 合金的定向凝固机制已有报道[23],包晶 Cu‑Ge 合金的快速凝固显微组织演化过程与过冷度关系已有研究[24-25]。然而,二元 Cu‑Ge 体系的特点是存在多种相转变类型,如共晶、包晶、共析和包析转变。在近平衡下,对不同类型的 Cu - Ge 合金凝固机制的全面研究具有重要意义。

对于定量热分析,差示扫描量热法(DSC)是一种有效的技术[26-27]。与此同时,DSC 熔化凝固曲线提供了相变特征的必要信息[3, 28-31]。本章将介绍采用 DSC 方法确定 Cu - Ge 合金的相变温度和熔化焓。同时,研究不同成分和类型的二元液态 Cu - Ge 合金的过冷度和凝固组织形貌特征。

2.2 实 验 方 法

所研究的二元 Cu - Ge 合金成分如表 2 - 1 所示,并在二元 Cu - Ge 相图中标记出来[32],如图 2 - 1 所示。每个样品的质量约 100 mg,由纯度为 99.999%Cu 元素和纯度为 99.999%的 Ge 元素在氩气保护下用激光快速熔融制备而成。DSC 实验是在 Netzsch DSC 404C 型差示扫描量热计中进行的。实验前采用高纯度的 In,Sn,Zn,Al,Ag,Au 和 Fe 元素标样进行温度和熔化焓的校准,其精度分别为 ±1 K 和 ±3%,并用纯 Cu 和 Ge 元素进行了复核。在实验过程中,合金样品放置于 Al_2O_3 坩埚中。先将样品室抽成真空,然后反充高纯氩气。DSC 热分析以 10 K /min 的扫描速度进行,最大加热温度高于合金液相线温度约 150 K。DSC 实验后,对合金试样进行抛光和腐蚀,采用光学显微镜和 FEI Sirion 扫描电子显微镜分析凝固试样的微观组织形貌。

表 2 - 1　采用 DSC 方法测定的合金热力学性质

合金成分 *	液相线温度 T_L/K	熔化焓 ΔH_m/(kJ · mol⁻¹)
$Cu_{97.8}Ge_{2.2}$	1 354	12.729
$Cu_{95.6}Ge_{4.4}$	1 334	10.774
$Cu_{93.4}Ge_{6.6}$	1 312	9.890
$Cu_{91.1}Ge_{8.9}$	1 293	9.735
$Cu_{89.3}Ge_{10.7}$	1 252	9.418
$Cu_{87.2}Ge_{12.8}$	1 220	8.074
$Cu_{84.8}Ge_{15.2}$	1 172	8.068
$Cu_{82.5}Ge_{17.5}$	1 103	8.062
$Cu_{78.05}Ge_{21.95}$	1 015	7.156

* 此处的合金成分是指原子百分数,标示为元素符号的右下标,后文中与此同义。

续 表

合金成分	液相线温度 T_L/K	熔化焓 ΔH_m/(kJ·mol^{-1})
$Cu_{73.9}Ge_{26.1}$	1 009	7.050
$Cu_{68.0}Ge_{32.0}$	957	9.175
$Cu_{63.5}Ge_{36.5}$	915	11.022
$Cu_{53.3}Ge_{46.7}$	988	13.282
$Cu_{43.2}Ge_{56.8}$	1 046	14.347
$Cu_{32.9}Ge_{67.1}$	1 093	15.698
$Cu_{21.2}Ge_{77.8}$	1 134	16.833
$Cu_{11.3}Ge_{88.7}$	1 186	20.691
$Cu_{5.1}Ge_{94.9}$	1 209	24.761

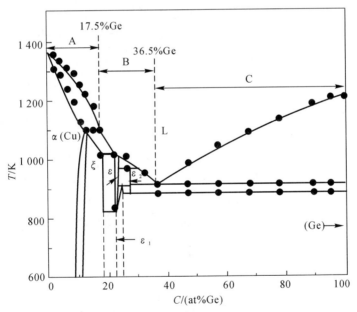

图 2‑1　合金成分(原子百分数)的选择及测量的相变温度与二元 Cu‑Ge 相图的比较

2.3　热力学性质

二元 Cu - Ge 合金的熔化焓测定结果如表 2-1 和图 2-2 所示。从图 2-2 可以看到,熔化焓 ΔH_m 首先随着 Ge 原子含量 C 的上升而下降。当 Ge 的含量(原子百分数)达到 25％时,熔化焓达到最小值。随后,熔化焓随着 Ge 原子含量的增大而单调递增。两者符合以下函数关系:

$$\Delta H_m = 14.44 - 0.96C + 0.04C^2 - 6.20 \times 10^{-3}C^3 + 3.14 \times 10^{-6}C^4 \quad (2-1)$$

当 Ge 的含量在 0～45 at％时,二元 Cu - Ge 合金的熔化焓低于纯 Cu 和纯 Ge 元素,当大于 45 at％时,其值位于纯 Cu 和纯 Ge 元素之间。同时,采用 Neumann - Kopp 方程

$$\Delta H_0 = x_1 \Delta H_f^1 + x_2 \Delta H_f^2 \quad (2-2)$$

计算了二元 Cu - Ge 合金的熔化焓。其中 x_1 和 x_2 分别为 Cu 和 Ge 的摩尔体积分数,ΔH_f^1 和 ΔH_f^2 分别为 Cu 和 Ge 的熔化焓。对比可以发现,测量值和计算值存在较大偏差,这也进一步证实了熔化焓需要通过实验精确测定。

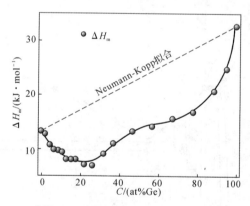

图 2-2　采用 DSC 方法测量的二元 Cu - Ge 合金熔化焓

2.4　DSC 曲线与组织形貌

本节将研究不同成分和类型的二元 Cu - Ge 合金的 DSC 曲线特征和凝固组织微观形貌。

2.4.1　单相(Cu)枝晶

图 2-3 所示的是 5 个不同成分的单相二元 Cu–Ge 合金的 DSC 熔化曲线,在每条熔化曲线上标注了该成分合金的固相线和液相线温度。显然,这些合金的熔化曲线图的共同特征是只有一个吸热峰,对应着 α(Cu)固溶体的熔化过程,并且固相线和液相线温度随 Ge 元素含量的增多而降低。然而,这些单相合金熔化峰形状都互不相同。例如,在 Ge 元素含量较低的二元 $Cu_{97.8}Ge_{2.2}$ 合金中,吸热峰在很窄的固液温度区间内是尖锐且平滑的。随着 Ge 元素含量的上升,熔化峰在曲线上升阶段出现拐点,并且熔化峰变得越来越宽,这表明固液相间隔随 α(Cu)单相合金中 Ge 含量的增多而增大。图 2-4(a)显示了这些单相合金一个典型的 DSC 冷却曲线。很明显,在 $Cu_{95.6}Ge_{4.4}$ 合金的凝固过程中,曲线只在 1 269 K 时出现一个放热峰,并且发现 α(Cu)相以粗大的枝晶方式生长,如图 2-4(b)所示。

2.4.2　包晶型合金

图 2-5(a)和(b)显示了二元 $Cu_{87.2}Ge_{12.8}$ 包晶合金的 DSC 曲线和凝固组织形貌。可以看出,合金的熔化过程中有两个吸热峰。第一个吸热峰对应于包晶 ξ 相分解成液相和 α(Cu)相,而第二个吸热峰对应的是 α(Cu)相的熔化。该二元合金的固相线和液相线温度分别是 1 096 K 和 1 220 K。在冷却过程中, 初生 α(Cu)相在 1 145 K 时结晶形成一个尖锐的放热峰。当温度降低至 1 091 K 时,发生包晶转变 $L + \alpha \longrightarrow \xi$,形成第二个放热峰。如图 2-5(b)所示,该合金的凝固组织由初生树枝晶 α(Cu)相和包晶 ξ 相组成。事实上,在平衡条件下,凝固组织应该包含 100% 的 ξ 相。然而,由于包晶转变主要是由原子扩散控制,并且它是极其缓慢的,即使在 DSC 实验中缓慢的冷却条件下,包晶反应也不会完全进行。因此,最终凝固组织是由包晶 ξ 相和初生 α(Cu)相组成的。

二元 $Cu_{73.9}Ge_{26.1}$ 包晶合金的 DSC 曲线如图 2-5(c)所示。可以看出四个吸热峰和四个放热峰几乎是对称的,这表明同样的反应在熔化和凝固过程中以相反的顺序进行。在冷却过程中,第一个尖锐的放热峰在 991 K,对应的相变为 $L \rightarrow \varepsilon$,邻近的峰值在 963 K,发生包晶转变为 $L + \varepsilon \longrightarrow \varepsilon_2$。一旦温度下降到 876 K,另一个小的放热峰出现了,这可能对应于包析转变 $\varepsilon + \varepsilon_2 \longrightarrow \varepsilon_1$。这是完全不同于 Cu-Ge 平衡相图[32]上所指示的平衡凝固路径。在 DSC 实验条件下,反应不完全的包晶转变会导致初生相和包晶相共存,从而有可能引发初生 ε 相和包晶 ε_2 之间的包析反应。最后一个放热峰出现在 866 K,与二元相图[32]上所指示的共析转变 $\varepsilon_2 \longrightarrow \varepsilon_1 + (Ge)$ 温度一致。

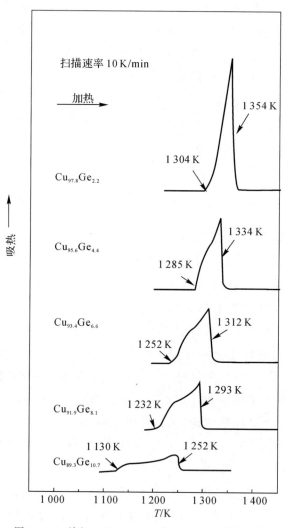

图 2-3　单相二元 Cu-Ge 合金的 DSC 熔化曲线

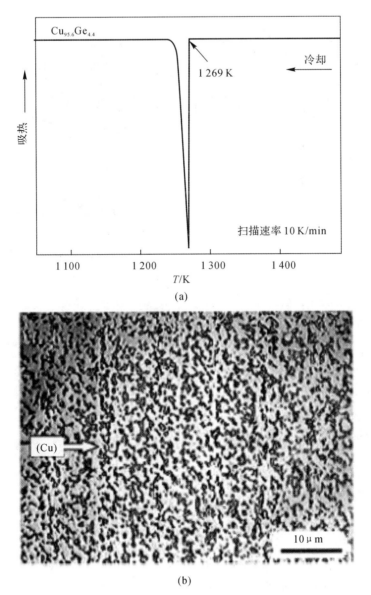

(a)

(b)

图 2‐4　典型的单相二元 Cu‐Ge 合金的 DSC 冷却曲线和凝固组织

(a)Cu$_{95.6}$Ge$_{4.4}$合金的 DSC 冷却曲线；　(b)α(Cu)相的生长形态

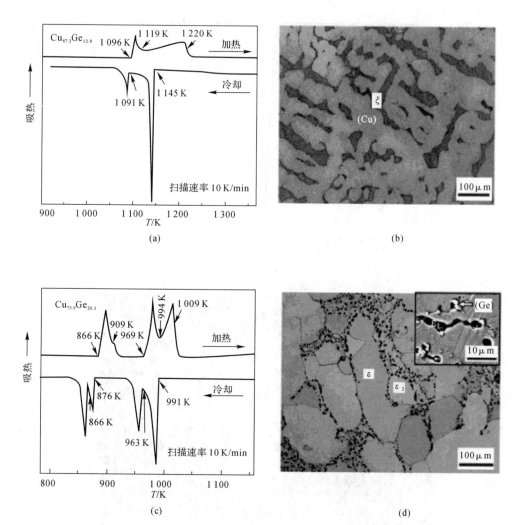

图 2 - 5　两种不同成分 Cu - Ge 包晶合金的 DSC 曲线和凝固组织特征

(a)Cu$_{87.2}$Ge$_{12.8}$合金的 DSC 曲线；(b)Cu$_{87.2}$Ge$_{12.8}$合金的微观形貌；

(c)Cu$_{73.9}$Ge$_{26.1}$合金的 DSC 曲线；　(d)Cu$_{73.9}$Ge$_{26.1}$合金的组织形态

如前所述,二元 $Cu_{73.9}Ge_{26.1}$ 合金的凝固过程涉及 ε 和 ε_1 金属间化合物的形核和生长。Jackson 因子 α 被应用于预测这些金属间化合物的生长方式[33]:

$$\alpha = \Delta S_f / R = \Delta H_m / RT_L \qquad (2-3)$$

式中,R 是气体常数。α 值由实验焓数据推导而出,ε 和 ε_1 的 α 值为分别为 0.84 和 0.85,均小于临界值 2,表明其是非小面相生长模式。相比之下,采用 Neumann-Kopp 方法计算的值为 2.2 和 2.1,均大于 2,这表明是小面相生长方式。为了确定这两种金属间化合物的生长方式,图 2-5(d)给出了二元 $Cu_{73.9}Ge_{26.1}$ 合金的凝固组织形态,而其中的插图显示的是由包晶 ε_2 相分解而来的共析结构,明亮的(Ge)相和暗的 ε_1 相以粒状共析结构一起生长。显然,ε_1 相与 ε 相的生长方式相同。因此,可以得出结论,只有用熔化焓测量值去计算出的 α 值,才能很好地预测这些金属间化合物的生长模式,而不是通过 Neumann-Kopp 规则计算的理论值。

2.4.3　共晶型合金

图 2-6(a)所示的是二元 $Cu_{78.05}Ge_{21.95}$ 共晶合金的 DSC 曲线。当温度降低到 1 012 K 时产生第一个放热峰,对应于共晶反应 L $\longrightarrow \xi + \varepsilon$,$\varepsilon$ 相和 ξ 相形成层片状共晶结构,共晶间距为 35 μm,如图 2-6(b)所示。与第一个放热峰相比,第二个放热峰较小,对应于 805 K 时的共析转变 $\varepsilon \longrightarrow \xi + \varepsilon_1$,但是,共析组织即使在放大倍数下也很难辨别出来。二元 $Cu_{63.5}Ge_{36.5}$ 共晶合金的 DSC 曲线如图 2-6(c)所示,出现了两个相互连接的吸热峰,分别在 885 和 915 K 温度下,对应于相变 $\varepsilon_1 \longrightarrow (Ge) + \varepsilon_2$ 和 $\varepsilon_2 + (Ge) \longrightarrow L$。由于这两个转变的温度间隔很狭窄,对应的放热峰在冷却过程中相重叠。两相共晶组织($\varepsilon_2 + Ge$)的生长形态如图 2-6(d)所示。不同于规则($\xi + \varepsilon$)共晶,($\varepsilon_2 + Ge$)共晶趋向于以不规则共晶方式生长,表现为带状(Ge)相分布在 ε_2 相基底上,共晶平均相间距约为 12 μm。

图 2-7 所示的是六种不同成分的 Cu-Ge 过共晶合金的 DSC 冷却曲线。它们的共同特征如下:随着液态合金温度的降低,初生(Ge)相首先形核和生长。随后,当温度降低到 895 K 时发生共晶转变:L $\longrightarrow \varepsilon_2 + (Ge)$。进一步冷却时,在大约 870 K 发生共析反应:$\varepsilon_2 \longrightarrow (Ge) + \varepsilon_1$。图 2-7(b)显示了 Cu-Ge 过共晶合金的典型结构形态,初生(Ge)相以小平面相方式形成非常粗大的多

边形块状，而(ε_2＋Ge)二相共晶组织几乎保持与二元 $Cu_{63.5}Ge_{36.5}$ 共晶合金中相同的生长形态。

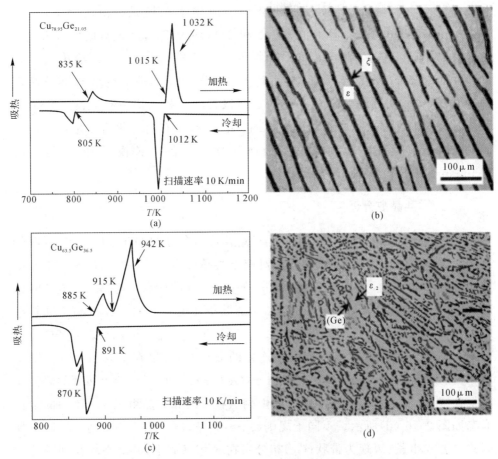

图 2-6　两种不同成分 Cu-Ge 共晶合金的 DSC 曲线和凝固组织形貌

(a) 二元 $Cu_{78.95}Ge_{21.95}$ 合金的 DSC 曲线；

(b) 二元 $Cu_{78.95}Ge_{21.05}$ 合金中的(ξ＋ε)共晶组织；

(c) 二元 $Cu_{63.5}Ge_{36.5}$ 合金的 DSC 曲线；

(d) 二元 $Cu_{63.5}Ge_{36.5}$ 合金的(ε_2＋Ge)共晶结构

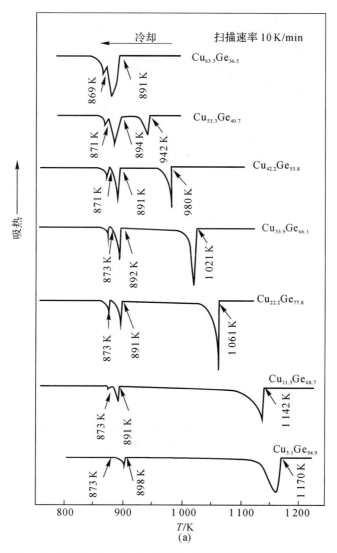

图 2 - 7　过共晶 Cu - Ge 合金的 DSC 冷却曲线和凝固组织形态

(a)冷却曲线；

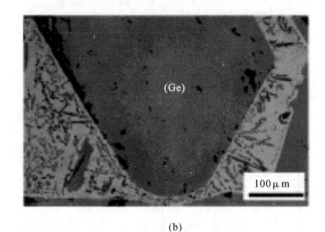

(b)

续图 2-7　过共晶 Cu-Ge 合金的 DSC 冷却曲线和凝固组织形态

(b) $Cu_{5.1}Ge_{94.9}$ 合金初生(Ge)相形貌

实验测定了不同过共晶合金中初生(Ge)相,(ε_2+Ge)共晶和(ε_2+Ge)共析组织的形成焓,如图 2-8 和表 2-2 所示。显然,随着 Ge 原子含量的升高,初生(Ge)相的生成焓增大,而共晶和共析组织的生成焓却单调降低。

形成焓和共晶成分之间满足如下线性关系:

$$\Delta H_{s-(Ge)} = 0.38C - 13.54 \tag{2-4}$$

$$\Delta H_{s-(Ge)\varepsilon_2} = 15.34 - 0.16C \tag{2-5}$$

$$\Delta H_{s-(Ge)+\varepsilon 1} = 2.68 - 0.026C \tag{2-6}$$

表 2-2　Cu-Ge 过共晶合金凝固过程中的焓变

合金成分	相变过程中的焓变/(kJ·mol⁻¹)		
	初生(Ge)相	(Ge)+ε_2 共晶	(Ge)+ε_1 共析
$Cu_{63.5}Ge_{36.5}$	0	11.343	1.898
$Cu_{53.3}Ge_{46.7}$	4.337	6.419	1.193
$Cu_{43.2}Ge_{56.8}$	8.221	5.814	1.183
$Cu_{32.9}Ge_{67.1}$	13.808	4.674	0.949
$Cu_{21.2}Ge_{77.8}$	15.337	3.412	0.760
$Cu_{11.3}Ge_{88.7}$	19.897	1.553	0.335
$Cu_{5.1}Ge_{94.9}$	22.901	0.780	0.160

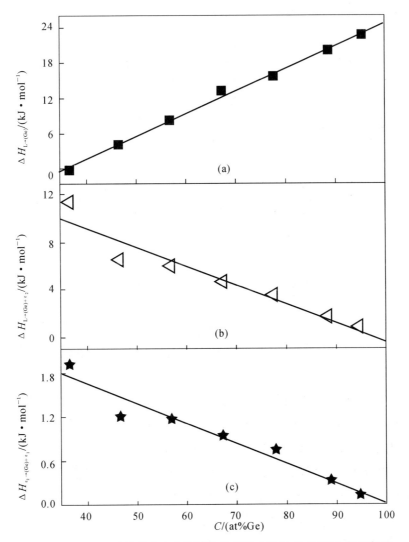

图 2‑8　Cu‑Ge 过共晶合金中不同结构的形成焓与 Ge 原子含量的关系

(a)初生(Ge)相；　(b)(ε_2＋Ge)共晶；　(c)(ε_2＋Ge)共析组织

　　利用 DSC 方法所测定出的相转变温度均用实心圆圈在 Cu‑Ge 相图[32]上进行了标记,如图 2‑1 所示,其具体数值总结在表 2‑3 中。需要指出的是,共析反应 $\varepsilon \longrightarrow \varepsilon_1 + \xi$ 的测定温度是 835 K,这比文献报道的参考值大了约 12 K[19,32]。此外,本研究中包析转变 $\varepsilon_2 + \varepsilon \longrightarrow \varepsilon_1$ 发生在 908 K,这很接近于参考值 909 K[32]，而低于文献[19]的报道大约 40 K。其他典型的反应温度与已发表的数据吻合较好。

表 2-3　测定的二元 Cu-Ge 合金相变温度与其他文献报道值的比较

反应	类型	相变温度/K		
		本研究值	参考文献[32]值	参考文献[19]值
L+(Cu)——→ε	包晶	1 096	1 097	1 097
L——→ε+ξ	共晶	1 015	1 016.5	1 021
L+ε——→ε₂	包晶	969	971	971
L——→ε₂+Ge	共晶	915	917	911
ε2——→ε₁+Ge	共析	885	887	887
ε——→ε₁+ξ	共析	835	823	822
ε₂+ε——→ε₁	包析	908	909	948

2.5　过冷和形核能力

通过 DSC 方法以 10 K/min 的扫描速率测量了不同成分液态 Cu-Ge 合金的过冷度（$\Delta T = T_L - T_s$）。这里，T_L 是加热过程中某一成分 Cu-Ge 合金的液相线温度，T_s 是液态合金在冷却过程中的凝固温度。如图 2-9 所示，过冷度 ΔT 可以分为三个区域，并在图 2-9 中进行了标记，区域 A 为 0~17.5 at% Ge，B 为（17.5 at%~36.5 at%）Ge 和 C 为（36.5 at%~100 at%）Ge。在区域 A，所有合金中 α(Cu) 相以初生相存在。随着 Ge 元素含量的增加，二元 Cu-Ge合金的过冷度从 33 K 上升至 73 K。然后，在 B 区域内，过冷度急剧下降到大约 20 K。对于 B 区域内的这些合金，它们的凝固过程都是金属间化合物首先形核。相比之下，在区域 C 中，初生（Ge）相优先在液态合金中形核，当 Ge 元素的原子含量为 36.5 at%~77.8 at% 时，液态合金的过冷度又从 46 K 上升至 73 K。随后，在纯 Ge 时再次下降到 28 K。这些结果表明，在 DSC 实验中，液态二元 Cu-Ge 合金的过冷度强烈依赖于凝固过程中初生相的类型，并遵循如下关系：

$$\Delta T_{comp} < \Delta T_{(Ge)} < \Delta T_{\alpha(Cu)} \tag{2-7}$$

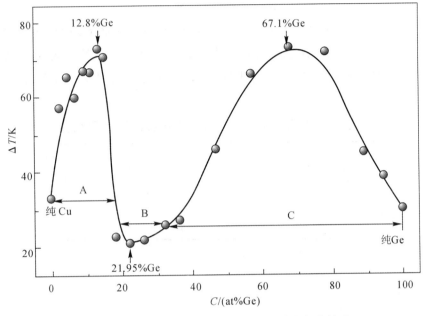

图 2-9 Cu-Ge 液态合金过冷度与成分之间的关系

事实上，液态合金的过冷度与初生固相的形核过程密切相关。根据经典成核理论[34]，均匀成核的激活能 ΔG_c 满足：

$$\Delta G_c = 16\pi\sigma_{SL}^3 / (3\Delta G_v^2) \tag{2-8}$$

式中，σ_{SL} 是液/固界面能，ΔG_v 是液相和固相的吉布斯自由能之差，可近似由以下公式求出：

$$\Delta G_v = \Delta H_m \Delta T / (V_m T_L) \tag{2-9}$$

式中，V_m 是摩尔体积。从公式（2-8）可以看出，σ_{SL} 在成核过程中起着重要的作用。在 Spaepen[35] 模型中，结晶相的液固界面能满足：

$$\sigma_{SL} = \alpha_m \Delta S_f T_L / (N_A V_m^2)^{1/3} \tag{2-10}$$

式中，α_m 是结构的因子，N_A 是阿伏伽德罗常数。根据公式（2-10）计算出各个相的液固界面能量，由表 2-4 列出。由于三个金属间化合物成分有很小差异，在这里只考虑了 ε 相。显然，ε 相的液体/固体界面能量显著低于 $\alpha(Cu)$ 和 (Ge) 相。在此基础上进一步计算了这三个相的形核活化能与过冷度的关系，结果如图 2-10 所示。显然，如果形核发生在同一过冷度下，三个固相均匀形核的活化能遵循如下关系：

$$\Delta G_\varepsilon < \Delta G_{(Ge)} < \Delta G_{\alpha(Cu)} \qquad (2-11)$$

由此可以看出，金属间化合物的形核活化能低于 α(Cu)和(Ge)相，这表明金属间化合物更容易形核。这也就解释了为什么以金属间化合物为初生相的液态合金仅具有较弱的过冷能力。也就是说，初生相形核的激活能决定了二元液态 Cu-Ge 合金的过冷能力。

表 2-4　二元 Cu-Ge 合金中不同相的液固界面能

相	成分/(at% Ge)	α_m	界面能/(J·m^{-2})
α	4.4	0.71	0.347
ε	26.1	0.71	0.084
(Ge)	100	0.86	0.283

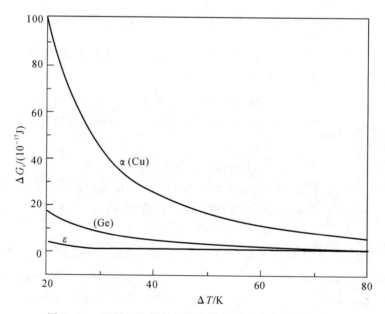

图 2-10　不同初生相的形核激活能随过冷度的变化关系

2.6　本　章　小　结

（1）采用 DSC 方法研究了二元 Cu-Ge 合金在整个成分范围内的相变温度和熔化熵。其中，测定的共析反应 $\varepsilon \longrightarrow \varepsilon_1 + \xi$ 温度为 835 K，而包析反应 $\varepsilon_2 + \varepsilon \longrightarrow \varepsilon_1$ 温度是 908 K，这不同于已发表的数据。熔化熵首先在 0 ～ 25at%Ge 的成分范围内单调降低，然后随着 Ge 含量的上升而不断增加。实验建立了熔化熵随 Ge 含量变化的函数关系式。

（2）在 DSC 实验中，液态 Cu-Ge 合金中 α(Cu) 和 (Ge) 相形核的最大过冷度分别是 73 K 和 71 K。相比之下，以 Cu-Ge 金属间化合物作为初生相的液态合金过冷度仅在 20 K 左右。这是因为，相对于 α(Cu) 和 (Ge) 相，Cu-Ge 金属间化合物所需的形核激活能最低。

（3）对凝固组织形貌的观察表明，初生 α(Cu) 相以枝晶方式生长，而初生 (Ge) 相以小面相方式生长，呈现出粗大的多边形状。金属间化合物 ξ，ε 和 ε_1 以非小面相方式生长。此外，在二元 Cu-Ge 共晶合金中，ε 相和 ξ 相以层片状协同生长，而 ε_2 和 (Ge) 相倾向于形成不规则的共晶结构。即便是在冷却速度很慢的 DSC 实验中，包晶反应也不可能完全进行，Cu-Ge 包晶合金由残余的初生相和包晶相组成。

参　考　文　献

[1]　Liu C P, Hsu C C, Jeng T R, et al. Enhancing nanoscale patterning on Ge-Sb-Sn-O inorganic resist film by introducing oxygen during blue laser - induced thermal lithography [J]. Journal of Alloys and Compounds, 2009, 488:190 - 194.

[2]　Chawanda A, Nyamhere C, Auret F D, et al. Thermal annealing behaviour of platinum, nickel and titanium Schottky barrier diodes on n-Ge（100）[J]. Journal of Alloys and Compounds, 2010, 492:649 - 655.

[3]　Zarembo S N, Myres C E, Kematick R J, et al. Vaporization thermodynamics and heat capacities of Cr_3Ge and Cr_5Ge_3[J]. Journal of Alloys and Compounds, 2001, 329:97 - 107.

[4] Perrin C, Mangelinck D, Nemouchi F, et al. Nickel silicides and germanides: Phases formation, kinetics and thermal expansion [J]. Materials Science and Engineering: B, 2008, 154 - 155:163 - 167.

[5] Kanibolotsky D S, Kotova N V, Bieloborodova O A, et al. Thermodynamics of liquid aluminium - copper - germanium alloys [J]. The Journal of Chemical Thermodynamics, 2003, 35:1763 - 1774.

[6] Wang J, Liu Y J, Tang C Y, et al. Thermodynamic description of the Au - Ag - Ge ternary system [J]. Thermochimica Acta, 2011, 512:240 - 246.

[7] Cagran C, Wilthan B, Pottlancher G. Enthalpy, heat of fusion and specific electrical resistivity of pure silver, pure copper and the binary Ag - 28Cu alloy [J]. Thermochimica Acta, 2006, 445:104 - 110.

[8] Curiotto S, Battezzati L, Johnson E, et al. Thermodynamics and mechanism of demixing in undercooled Cu - Co - Ni alloys [J]. Acta Materialia, 2007, 55:6642 - 6650.

[9] Hassam S, Boa D, Fouque Y, et al. Thermodynamic investigation of the Pb - Sb system [J]. Journal of Alloys and Compounds, 2009, 476:74 - 78.

[10] Wang H P, Wei B. Thermophysical property of undercooled liquid binary alloy composed of metallic and semiconductor elements [J]. Journal of Physics D: Applied Physics, 2009, 42:035414.

[11] Zhou H Y, Tang C Y, Tong M M, et al. Experimental investigation of the Ce - Cu phase diagram [J]. Journal of Alloys and Compounds, 2012, 511:262 - 267.

[12] Jung I H. Overview of the applications of thermodynamic databases to steelmaking processes [J]. Calphad, 2010, 34:332 - 362.

[13] Gruner S, Köhler M, Hoyer W. Surface tension and mass density of liquid Cu - Ge alloys [J]. Journal of Alloys and Compounds, 2009, 482:335 - 338.

[14] Vanhellemont J, Lauwaert J, Witecka A, et al. Experimental and theoretical study of the thermal solubility of the vacancy in germanium [J]. Physica B: Condensed Matter, 2009, 404:4529 - 4532.

[15] Gruner S，Marczinke J，Hoyer W. Short - range order and dynamic viscosity of liquid Cu - Ge alloys [J]. Journal of Non - Crystalline Solids，2009，355：880 - 884.

[16] Castanet R. Enthalpy of Formation of Cu - Ag - Si and Cu - Ag - Ge Liquid Alloys [J]. Zeitschrift Fur Metallkunde，1984，75(1)：41 - 45.

[17] Predel B，Schallner U. Thermodynamische untersuchung der systeme Kupfer - Gallium，Kupfer - Indium，Kupfer - Germanium and Kupfer - Zinn [J]. Materials Science and Engineering，1972，10：249 - 258.

[18] Wallbrecht P C. The heat capacity and enthalpy of some hume - rothery phases formed by copper，silver and gold. Part II. Cu + Ge，Cu + Sn，Ag + Sn，Au + Sn，Au + Pb systems [J]. Thermochim. Acta，1981，46：167 - 174.

[19] Wang J，Jina S，Leinenbacha C，et al. Thermodynamic assessment of the Cu - Ge binary system [J]. Journal of Alloys and Compounds，2010，504：159 - 165.

[20] Kaufman L，Bernstein H. Computer calculation of phase diagrams with special reference to refractory metals [B]. Academic Press，New York. N. Y. 1970.

[21] Legg B A，Schroers J，Busch R. Thermodynamics，kinetics，and crystallization of $Pt_{57.3}Cu_{14.6}Ni_{5.3}P_{22.8}$ bulk metallic glass [J]. Acta Materialia，2007，55：1109 - 1116.

[22] Kopp H. Investigations of the specific heat of solid bodies [J]. Philosophical Transactions of the Royal Society of London，1865，155：71 - 202.

[23] Imashimizu Y，Watanabé J. Microstructures of Cu - Ge Alloy Rods Pulled from a Hyperperitectic Melt by the Czochralski Method [J]. Materials Transactions，2003，44：2070 - 2077.

[24] Wang N，Wei B. Rapid solidification of undercooled Cu - Ge peritectic alloy [J]. Acta Materialia，2000，48：1931 - 1938.

[25] Ruan Y，Dai F P，Wei B. Formation of ζ phase in Cu - Ge peritectic alloys [J]. Chinese Science Bulletin，2007，52(19)：2630 - 2635.

[26] Minić D，Manasijević D，Ćosovicc V，et al. Experimental investigation

and thermodynamic prediction of the Cu – Sb – Zn phase diagram [J]. Journal of Alloys and Compounds, 2012, 517:31 – 39.

[27] Benisek A, Dachs E. A relationship to estimate the excess entropy of mixing: Application in silicate solid solutions and binary alloys [J]. Journal of Alloys and Compounds, 2012, 527:127 – 131.

[28] Zhu H, Yao Y Q, Li J L, et al. Study on the reaction mechanism and mechanical properties of aluminum matrix composites fabricated in an Al – ZrO$_2$ – B system [J]. Materials Chemistry and Physics, 2011, 127:179 – 184.

[29] Nabialeka M G, Szotab M, Dospial M J. Effect of Co on the microstructure, magnetic properties and thermal stability of bulk Fe$_{73-}$$xCo_xNb_5Y_3B_{19}$ (where x = 0 or 10) amorphous alloys [J]. Journal of Alloys and Compounds, 2012, 526:68 – 73.

[30] Lay M D H, Hill A J, Saksida P G, et al. 27Al NMR measurement of fcc Al configurations in as – quenched Al85Ni11Y4 metallic glass and crystallization kinetics of Al nanocrystals [J]. Acta Materialia, 2012, 60:79 – 88.

[31] Wang T, Yang Y Q, Li J B, et al. Thermodynamics and structural relaxation in Ce – based bulk metallic glass – forming liquids [J]. Journal of Alloys and Compounds, 2011, 5094569 – 5094573.

[32] Massalski T B. Binary Alloy Phase Diagrams [B], 2nd ed. New York: ASM International, 1990.

[33] Jackson K A. Constitutional supercooling surface roughening [J]. Journal of Crystal Growth, 2004, 264:519 – 529.

[34] Kurz W, Fisher D J. Fundamentals of Solidification [B], 3rd ed. Switzerland: Trans Tech Publications Ltd, 1998.

[35] Spaepen F. A structural model for the solid – liquid interface in monatomic systems [J]. Acta Metallurgica, 1975, 23:729 – 743.

第3章　Ag-Sn合金热力学性质及凝固组织演变规律

3.1　引　言

近几年来，Ag-Sn合金引起了不同研究者的广泛兴趣，这是因为富Ag的二元Ag-Sn合金表现出优异的导电性能，而富Sn的Ag-Sn合金则可以作为理想的无铅焊料[1-5]。研究表明，液态合金的热力学性质和最终的微观凝固组织会影响合金的性能[6-13]。但是，目前对于二元Ag-Sn合金的热力学性质和凝固组织特征却鲜有报道。

本章的工作主要集中在以下三个方面。第一，系统测定二元Ag-Sn合金的液相线温度和熔化焓这两个重要的热力学参数。尽管二元合金的熔化焓可以通过Neumann-Kopp准则来粗略估计，这种方法往往会带来较大的误差。因此，Ag-Sn合金的熔化焓必须由实验来测定。第二，研究二元Ag-Sn合金随成分变化的内在过冷能力。第三，在二元Ag-Sn相图中存在两个包晶转变和一个共晶转变，揭示Ag-Sn合金的包晶和共晶组织特征。

差示扫描量热法（DSC）是用于定量热学性质的一种有效的方法[14-15]，它能够提供液体向固体转变的基本特征[16]。本章将利用这一方法对二元Ag-Sn合金的热物理性质和组织形态演变规律进行深入研究。

3.2　实　验　方　法

将要研究的18个合金成分列于表3-1中。每个样品重约150 mg，由高纯Ag(99.999%)和Sn(99.999%)为原料在氩气保护下用激光熔化制备而成。热分析实验使用的仪器为Netzsch DSC 404C差示扫描量热计。扫描量热计用高纯In，Sn，Zn，Al，Ag，Au和Fe的熔点和熔化焓进行校准。用纯Ag和纯

Sn 验证温度和熔化焓的测量精度分别为 ±3K 和 ±3%。在每次 DSC 实验之前,先将合金试样放进 Al_2O_3 坩埚内,抽真空后反充高纯氩气。实验过程中,分别采用 5 K/min 和 40 K/min 的扫描速率,加热最高温度约为液相线温度 100 K 以上。DSC 实验结束后,对样品进行打磨抛光,最后在光学显微镜下分析凝固组织形貌。

表 3-1 采用 DSC 方法测定的二元 Ag-Sn 合金的热力学性质

合金成分	液相线温度 T_L / K	熔化焓 ΔH_f / kJ·mol⁻¹	熔化熵 ΔS_f / J·mol⁻¹·K⁻¹
Ag-2.5%Sn	1 223	8.813 52	7.206 48
Ag-5%Sn	1 205	8.149 55	6.763 12
Ag-10%Sn	1 153	7.588 53	6.581 55
Ag-14.2%Sn	1 107	7.094 29	6.408 57
Ag-21%Sn	997	6.220 16	6.238 87
Ag-23%Sn	976	6.317 41	6.459 52
Ag-25%Sn	960	6.484 10	6.754 27
Ag-27%Sn	934	6.592 70	7.058 57
Ag-32%Sn	888	7.757 15	8.735 53
Ag-37%Sn	841	8.300 77	9.870 11
Ag-42%Sn	807	8.786 80	10.888 23
Ag-47%Sn	781	9.230 46	11.818 77
Ag-52%Sn	756	9.531 29	12.607 53
Ag-60%Sn	726	8.840 06	12.176 40
Ag-65%Sn	700	8.576 40	12.252 00
Ag-75%Sn	663	7.918 37	11.943 24
Ag-80%Sn	630	7.604 35	12.070 39
Ag-90%Sn	573	7.034 90	12.277 31
Ag-96.5%Sn	494	6.836 22	13.838 49

3.3　热力学性质

3.3.1　液相线温度及斜率

采用 DSC 方法测定的二元 Ag-Sn 合金的液相线温度由图 3-1 给出并列于表 3-1 中。所有的测量值与现有的二元 Ag-Sn 相图高度吻合，从而也验证了 DSC 测量的准确性。

液相线温度 T_L 和 Sn 含量 C 之间的函数关系可以表达为：当 Sn 含量保持在 0～21% 时，即凝固过程中（Ag）为初生固相时，有

$$T_L = 1\ 236 - 4.93C - 0.307C^2 \tag{3-1}$$

当 Sn 含量范围为 21%～52% 时，金属间化合物 ξ 相优先从液态合金中析出，有

$$T_L = 1\ 314 - 17.54C + 0.131C^2 \tag{3-2}$$

一旦 Sn 含量增加到 52%～96.5% 时，金属间化合物 ε 相为初生相，有

$$T_L = 1\ 731 - 39.77C + 0.551C^2 - 2.81 \times 10^{-3}C^3 \tag{3-3}$$

液相线斜率定义为 $m_L = -dT_L/dC$。基于上述公式（3-1）～（3-3），可以计算出二元 Ag-Sn 合金在整个成分范围内的液相线斜率。当 Sn 含量位于 0～21% 时，液相线斜率将从 4.855 增加到 17.83 K/(wt%)，即

$$m_L = 4.93 + 0.614C \tag{3-4}$$

Sn 含量为 21%～52% 时，液相线斜率从 11.605 下降到 4.01 K/wt%，即

$$m_L = 17.54 - 0.262C \tag{3-5}$$

当 Sn 含量从 52% 增加到 96.5% 时，斜率将从 5.33 增加至 12.16 K/(wt%)，即

$$m_L = 39.77 - 1.102C + 8.43 \times 10^{-3}C^2 \tag{3-6}$$

同样，通过热分析 DSC 实验也可以得到二元 Ag-Sn 合金的固相线温度 T_S，如图 3-2(a) 中空心圆圈所示。进一步，在测量的液相线和固相线温度基础上，计算了（Ag），ξ 和 ε 相的凝固温度区间 ΔT_0。凝固温度区间 ΔT_0 和合金成分 C 之间的关系如图 3-2(a) 所示。如果 Sn 含量为 0～14.12%，那么（Ag）相凝固温度区间如下：

$$\Delta T_0 = 0.402\ 51 + 10.969\ 68C - 0.223\ 44C^2 \qquad (3-7)$$

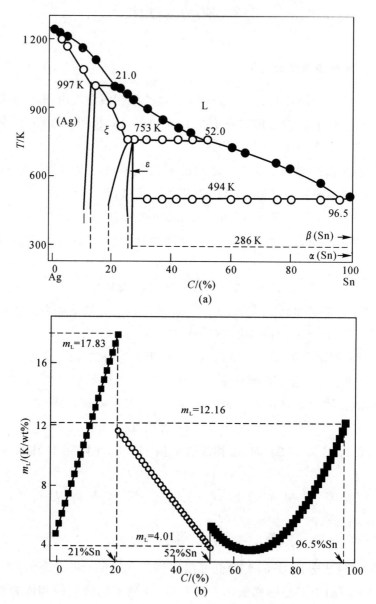

(a)

图 3-1 二元 Ag-Sn 合金成分的选择和测量结果

(a)液相线和固相线温度； (b)液相线斜率和成分的关系

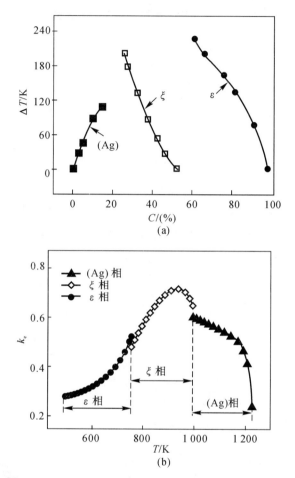

图 3 - 2　二元 Ag - Sn 合金的过冷能力和溶质分配系数

(a)过冷度随成分和初生相的变化关系；(b) 不同初生相的溶质分配系数

当 Sn 含量上升到 23%～52% 时,ξ 相化合物的凝固温度区间为

$$\Delta T_0 = 564.966\ 27 - 17.734\ 93C + 0.132\ 75C^2 \qquad (3-8)$$

最后,如果 Sn 含量在 52%～96.5%,ε 金属间化合物的凝固温度区间可以写为

$$\Delta T_0 = 2\ 492.292\ 39 - 88.717\ 05C + 1.178\ 11C^2 - 5.45 \times 10^{-3}C^3$$

$$(3-9)$$

(Ag),ξ 和 ε 三相的液相线温度所对应的溶质含量 C_L 和固相线温度所对应的溶质含量 C_S 可以分别用下面两个函数表示,即 $C_L = \phi_1(T_L)$ 和 $C_S =$

$\phi_2(T_S)$。可以由此推导出每一相的溶质分配随温度的变化关系,即溶质分配系数 $k_e=C_s/C_L$,如图 3—3(b)所示。当 Sn 含量为 0~21% 时,(Ag)相的溶质分配系数为

$$k_e = -212\,737.304\,22 + 1\,168.292\,19C - 2.671\,04C^2 + 3.25 \times 10^{-3}C^3 -$$
$$2.228\,24 \times 10^{-6}C^4 + 8.130\,53 \times 10^{-10}C^5 - 1.235\,1 \times 10^{-13}C^6$$

$$(3-10)$$

当 Sn 含量为 21%~52% 时,ξ 相溶质分配系数为

$$k_e = 15.501\,66 - 5.985 \times 10^{-2}C + 7.741\,9 \times 10^{-5}C^2 -$$
$$3.242\,46 \times 10^{-8}C^3$$

$$(3-11)$$

当 Sn 含量大于 52% 时,ε 相溶质分配系数为:

$$k_e = -1.586\,52 + 1.036 \times 10^{-2}C - 1.959\,7 \times 10^{-5}C^2 + 1.267\,33 \times 10^{-8}C^3$$

$$(3-12)$$

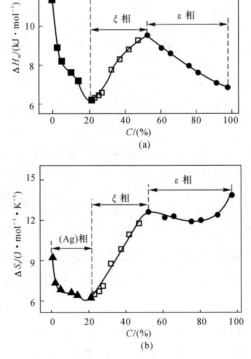

图 3-3　熔化焓和熔化熵随合金成分的变化关系

(a)焓变;　(b)熵变

3.3.2　熔化焓和熔化熵

利用 DSC 方法系统测定了二元 Ag‐Sn 合金在整个成分范围内的熔化焓 ΔH_m，测量过程中加热速率为 5 K/min。测量结果如表 3‐1 所示。由图 3‐1(a)和图 3‐3(a)可以看出，在 Ag‐Sn 合金的凝固过程中发现熔化焓与成分之间的关系与初生固相类型密切相关。当 Sn 的含量为 0～21％时，(Ag)相是相应的初生固相，熔化的焓随着 Sn 含量单调下降，即

$$\Delta H_m = 11.3 - 1.201\,19C + 0.154\,343C^2 - 8.92 \times 10^{-3}C^3 + 1.781\,34C^4$$

$$(3-13)$$

当 Sn 的含量为 21％～52％时，金属间化合物 δ 相先从液态合金中析出。在该区域中，熔化焓随着 Sn 含量的增加而增加，它们之间的函数关系可以表达为：

$$\Delta H_m = 29.882\,49 - 3.021\,1C + 0.134\,49C^2 - 2.44 \times 10^{-3}C^3 + 1.595\,93 \times 10^{-5}C^4$$

$$(3-14)$$

对于 Sn 含量为 52％～96.5％的 Ag‐Sn 合金，金属间化合物 ε 相首先从熔融合金中析出，熔化焓随着 Sn 含量的增加单调递减直至 Sn 含量到达 96.5％，即

$$\Delta H_m = 14.967\,11 - 0.128\,45C + 4.546\,99 \times 10^{-4}C^2 \qquad (3-15)$$

进一步，Ag‐Sn 合金的熔化熵 ΔS_f 也可以直接从测得的熔化焓和液相线温度计算得到：

$$\Delta S_f = \Delta H_m / T_L \qquad (3-16)$$

不同成分合金的熔化熵的计算结果列于表 3‐1 中，并如图 3‐3(b)所示。在 Sn 含量为 0～21％范围内，熔化熵随着 Sn 含量的增加而减小，可以表示为

$$\Delta S_f = 9.125\,65 - 1.077\,59C + 0.169\,92C^2 - 1.003 \times 10^{-2}C^3 +$$
$$2.117\,49 \times 10^{-4}C^4 \qquad (3-17)$$

如果 Sn 含量在 21％～52％范围内，熔化熵会随着 Sn 含量的增加而增加，它们之间的关系可表示为

$$\Delta S_f = 7.827\,43 - 0.402\,94C + 0.019\,26C^2 - 1.878\,24 \times 10^{-3}C^3$$

$$(3-18)$$

当 Sn 含量大于 96.5％时，则

$$\Delta S_f = -9.610\ 07 + 1.087\ 15C - 0.017\ 35C^2 + 8.894\ 97 \times 10^{-5}C^3$$

$$(3-19)$$

3.3.3 过冷能力变化规律

在 5 K/min 和 40 K/min 两种 DSC 扫描速率下测定了不同成分二元 Ag-Sn 合金的过冷度 $\Delta T = T_L - T_{S1}$。这里，T_{S1} 是某一成分二元 Ag-Sn 合金开始凝固的温度。如图 3-4(a)所示，在 5 K/min 的冷却速率下，过冷度与合金成分的关系可以分为三个区域，它们分别是 0~21%Sn，21%~52%Sn 和 52%~96.5%Sn。在第一区域中，(Ag)为凝固初生相，且随着 Sn 含量的增大，ΔT 由 29 K 下降到 10 K。当进入第二区域后，液态合金的过冷度急剧下降，约为 5~10 K。对于该区域内的合金，凝固过程以金属间化合物 ξ 相的优先形核开始。而在第三区域，金属间化合物相 ε 优先从液态合金中形核，相应的过冷度由 5 K 上升至 18 K。如果冷却速率上升到 40 K/min，如图 3-4(b)所示，过冷度的分布表现出了与 5 K/min 时的相同变化趋势。这些结果证实，在 DSC 实验中取得的过冷度强烈依赖于凝固过程中的初生固相，它们遵循下列关系：

$$\Delta T_{(Ag)} > \Delta T_\varepsilon > \Delta T_\xi$$

$$(3-20)$$

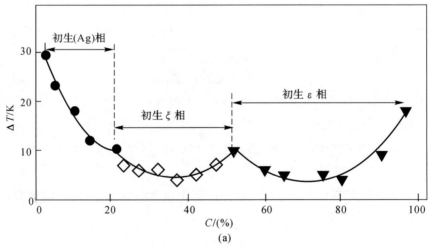

图 3-4 二元 Ag-Sn 合金过冷度分布

(a)扫描速率为 5 K/min；

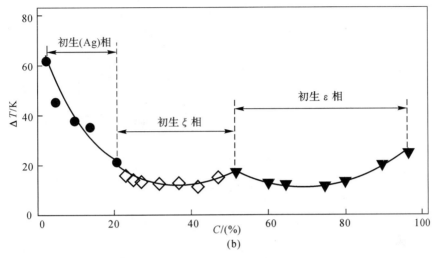

图 3‐4　二元 Ag‐Sn 合金过冷度分布
(b)扫描速率为 40 K/min

与金属间化合物优先成核的合金相比,凝固过程中（Ag）相先从熔体析出的合金具有更大的过冷度。此外,还需要提及的是,所有这些合金的过冷度随着冷却速率从 5 K/min 上升到 40 K/min 而相应地增加。这表明,快的冷却速度有利于二元 Ag‐Sn 液态合金过冷度的提高。

3.4　凝固组织形貌

本节将研究不同成分的二元 Ag‐Sn 合金的 DSC 曲线和凝固组织形貌特征。如图 3‐5(a)所示,对于 Ag‐14.12% Sn 合金,其熔化过程中有两个吸热峰。第一个吸热峰对应于包晶 δ 相转变为液相和另一固相（Ag）,而第二个吸热峰则对应于（Ag）相的熔化。该合金的包晶和液相线温度分别为 997 K 和 1 107 K。在凝固过程中,1 095 K 时形成的尖锐放热峰代表着初生（Ag）相的生成。随后,当温度降低到 995 K 时,出现了第二个结晶峰,代表着包晶转变 $L+$（Ag）$\longrightarrow \delta$。该合金的凝固组织形貌如图 3‐5(b)所示,由初生（Ag）枝晶和包晶 δ 相构成,其体积分数分别约为 30% 和 70%。事实上,在平衡条件下,最终的凝固组织中应该由 100% 的包晶 δ 相组成。然而,由于包晶转变主要是由原子扩散控制的,反应速度极其缓慢。所以,即便是在 DSC 实验中慢的速率冷却下,包晶反应也只能在有限的程度上发生。因此,该组织由包晶相和较多残余的初生(Ag)相组成。

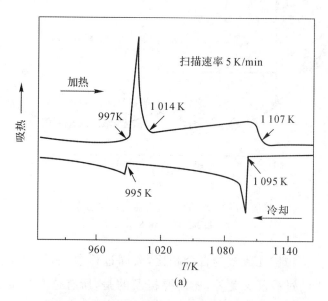

(a)

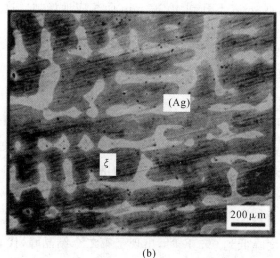

(b)

图 3-5　二元 Ag-Sn 合金的 DSC 曲线和凝固组织形貌

(a)Ag-14.12%Sn 合金 DSC 曲线；　(b)Ag-14.12%Sn 合金凝固组织

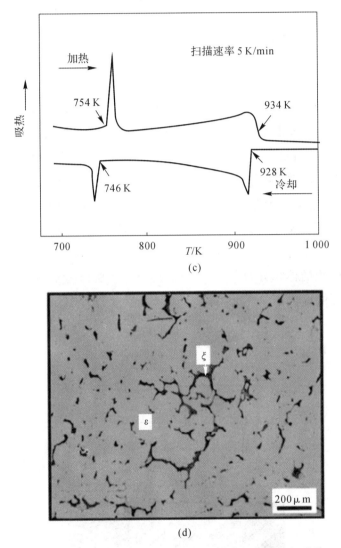

续图 3‑5 二元 Ag‑Sn 合金的 DSC 曲线和凝固组织形貌

(c)Ag‑27%Sn 合金 DSC 曲线； (d)Ag‑27%Sn 合金凝固组织

图 3‑5(c)显示的是二元 Ag‑27%Sn 包晶合金的 DSC 曲线。该合金在加热和冷却过程中也分别出现了两个吸热峰和两个放热峰。该包晶合金的包晶转变和液相线温度分别是 754 K 和 934 K。在冷却过程中,当温度降低到 928 K 时,初生 ξ 相从液态合金中形核生长,产生了一个放热峰。随后,当温度

降低到 746 K 时,包晶转变 $L+\xi \longrightarrow \varepsilon$,形成了第二个放热峰。该合金的凝固组织形貌如图 3-5(d)所示,包晶 ε 相以等轴晶方式生长。值得注意的是,仍然残存一些初生 ξ 枝晶,它们分布在包晶 ε 相的晶界处。这再次表明,即使在近平衡条件下,包晶转变依然难以完成。

图 3-6(a)所示的是 Ag-60%Sn 亚共晶合金的 DSC 曲线,其共晶和液相线温度分别是 494 K 和 726 K。在加热过程中($\varepsilon+$ Sn)共晶组织的熔化产生一个尖锐的吸热峰,而初生 ε 相的熔化则形成一个宽峰。冷却过程中,当液态合金的温度为 718 K 时,初生 ε 相优先从液体合金中形核,并生长成如图 3-6(b)所示的长板状,这不同于在 Ag-27%Sn 合金中包晶相的非小面相生长形态。当温度下降到 476 K 时,液态合金发生共晶反应 $L \longrightarrow (\varepsilon+$ Sn)。如图 3-6(c)所示,该共晶结构的特点是少量针形 ε 相分布在共晶(Sn)相基体内。这是因为共晶(Sn)相的体积分数比共晶 ε 相要高得多,所以通常的层状共晶结构在这种情况下不能形成。

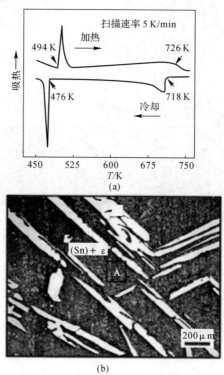

图 3-6　二元 Ag-60%Sn 合金的 DSC 曲线和凝固组织形态

(a)DSC 曲线;　(b)凝固组织形态

(c)

续图 3－6　二元 Ag－60％Sn 合金的 DSC 曲线和凝固组织形态

(c)共晶组织局部放大

3.5　本章小结

(1)采用 DSC 方法系统测定了二元 Ag－Sn 合金的多种热物理性质,包括液相线和固相线温度、熔化焓以及过冷能力等。并在实验测定的基础上,推导出凝固温度区间,溶质分配系数以及熔化熵等。

(2)研究表明,二元 Ag－Sn 液态合金的过冷度主要依赖于初生相,且随着冷却速率的增加呈现出上升趋势。与金属间化合物 ε 和 ξ 相相比,凝固过程中初生相为(Ag)相的液态合金表现出更高的过冷度。

(3)对合金凝固组织的观察表明,Ag－60％Sn 亚共晶合金中初生 ε 相呈板条状,(ε＋Sn)二相共晶结构表现为针状 ε 相均匀分布在(Sn)相基体上。另外,包晶反应不能在 Ag－14.12％Sn 以及在 Ag－27％Sn 包晶合金中完成,凝固组织由残余的初生相和包晶相共同组成。

参 考 文 献

[1]　Yagodin D,Sidorov V,Janickovic D,et al. Density studies of liquid alloys Sn－Ag and Sn－Zn with near eutectic compositions [J]. Journal of Non－Crystalline Solids,2012,358:2935－2937.

[2]　Chen F X,Pang J H L. Characterization of IMC layer and its effect on

thermomechanical fatigue life of Sn – 3. 8Ag – 0. 7Cu solder joints [J]. Journal of Alloys and Compounds, 2012, 541: 6 – 13.

[3] Shohji I, Yoshida T, Takahashi T. Tensile properties of Sn – Ag based lead – free solders and strain rate sensitivity [J]. Materials Science and Engineering A, 2004, 366:50 – 55.

[4] Phung Vs, Fujitsuka A, Ohshima K I. Influence of 0. 03 wt. % Carbon Black Addition on the Performance of Sn – 3. 5Ag Lead – Free Solder [J]. Journal of Electronic Materials, 2012, 41:1893 – 1897.

[5] Garnier T, Finel A, Bouar Y L, et al. Simulation of alloy thermodynamics: From an atomic to a mesoscale Hamiltonian [J]. Physical Review B, 2012, 86:054103.

[6] Terasaki H, Yamagishi H, Moriguchi K, et al. Correlation between the thermodynamic stability of austenite and the shear modulus of polycrystalline steel alloy [J]. Journal of Applied Physics, 2012, 111:093523.

[7] HÜLsen B, Scheffler M, Kratzer P. Thermodynamics of the Heusler alloy $Co_{2-x}Mn_{1+x}Si$: A combined density functional theory and cluster expansion study [J]. Physical Review B, 2009, 79:094407.

[8] Ray P K, Chattopadhyay K, Murty B S. Influence of thermodynamics and local geometry on glass formation in Zr based alloys [J]. Applied Physics Letters, 2008, 93:061903.

[9] Wang Z M, Wang J Y, Jeurgens L P H, et al. Thermodynamics and mechanism of metal – induced crystallization in immiscible alloy systems: Experiments and calculations on Al/a – Ge and Al/a – Si bilayers [J]. Physical Review B, 77:045424.

[10] Kissavos A E, Shallcross S, Kaufman L, et al. Thermodynamics of ordered and disordered phases in the binary Mo – Ru system [J]. Physical Review B, 2007, 75:184203.

[11] Buschbeck J, FÄhler S, Weisheit M, et al. Thermodynamics and kinetics during pulsed laser annealing and patterning of FePt films [J]. Journal of Applied Physics, 2006, 100:123901.

[12] Harvey J P, Gheribi A E, Chartrand P. On the determination of the

glass forming ability of Al_xZr_{1-x} alloys using molecular dynamics, Monte Carlo simulations, and classical thermodynamics [J]. Journal of Applied Physics, 2012, 112:073508.

[13] Rouxel T. Thermodynamics of viscous flow and elasticity of glass forming liquids in the glass transition range [J]. The Journal of Chemical Physics, 2011, 135:184501.

[14] Curiotto S, Battezzati L, Johnson E, et al. Thermodynamics and mechanism of demixing in undercooled Cu - Co - Ni alloys [J]. Acta Materialia, 2007, 55:6642 - 6650.

[15] Moukhina E. Enthalpy calibration for wide DSC peaks [J]. Thermochimica Acta, 2011, 522:96 - 99.

[16] Jia R, Bian X F, Wang Y Y. Thermodynamic determination of fragility in La - based glass - forming liquid [J]. Chinese Science Bulletin, 2011, 56:3912 - 3918.

[17] Kararaya I, Thompson W T. Ag - Sn phare diagram. Bull. Alloy Phase Diagrams, 1987, 8:340 - 347.

第4章 三元 Ag‐Cu‐Sb 共晶合金的动态凝固机制研究

4.1 引　言

不同类型合金的定向凝固机制是金属材料领域的重要研究课题。二元共晶合金由于其在工业中的广泛应用而得到了研究者的普遍关注[1-4]。Jackson和 Hunt 建立了二元共晶生长理论模型[5]，指出了共晶相间距 λ 与生长速度 V 之间的关系满足 $\lambda^2 V = K$（K 为常数）。近年来，三元共晶由于其丰富的组织形态和更优异的性能逐渐成为研究热点[6]。根据文献[7,8]报道，三元共晶合金中可能出现三相层片状共晶，一相纤维状和两相层片状共晶或是两相纤维状和一相层片状共晶等不同的生长形态。另一方面，随着凝固条件和参数的改变，三元共晶组织形态也能够发生相应变化。一些研究者还发现，JH 模型同样适用于描述三元共晶体系中共晶相间距与生长速度之间的函数关系[9]。共晶组织形态和间距的变化也能够促使合金的性能发生相应的改变[10-12]。

三元 $Ag_{42.4}Cu_{21.6}Sb_{36}$ 共晶合金的凝固过程涉及两个金属间化合物 $\varepsilon(Ag_3Sb)$ 相和 $\theta(Cu_2Sb)$ 相以及一个固溶体（Sb）相的竞争形核和生长。本章选取该三元共晶合金为研究对象，采用自行研制的定向凝固实验装置实现了三元 $Ag_{42.4}Cu_{21.6}Sb_{36}$ 共晶合金的定向凝固过程，分析了三元共晶组织形貌在恒定温度梯度下随生长速度变化的规律。在此基础上，系统研究了三元共晶定向凝固组织的显微硬度，建立了生长速度、共晶间距与显微硬度之间的内在联系。

4.2　实　验　方　法

三元 $Ag_{42.4}Cu_{21.6}Sb_{36}$ 共晶合金试样由高纯 Ag(99.99％)，Cu(99.99％)和 Sb(99.99％)元素熔配而成，并制成 $\Phi 4.0$ mm×30 mm 的棒状，放置于内径为 4 mm，高度为 50 mm 的不锈钢坩埚内。定向凝固实验在自行研制的 Bridgman 型凝固装置中进行。在实验过程中，用电阻炉将合金试样加热至 1 000 K 以保证液态合金成分均匀。在温度梯度 $G=50$ K/cm 恒定不变的条件下进行生长速度 V 分别为 2，8，31，44 和 60 μm/s 的定向凝固实验。实验结束后，将三元 $Ag_{42.4}Cu_{21.6}Sb_{36}$ 共晶合金试样切开，采用光学显微镜和扫描电镜观察其横纵截面组织形态，采用 XRD 衍射仪测定凝固组织相组成。采用 HVS - 1000 硬度仪对合金试样的显微维氏硬度进行测试，选取的压力为 1 000 g，作用时间为10 s。

4.3　相组成和热分析

根据 Ag - Cu - Sb 平衡相图[13]，三元 $Ag_{42.4}Cu_{21.6}Sb_{36}$ 合金于 699 K 时发生三相共晶反应 L $\longrightarrow$ (Ag)＋(Sb)＋θ(Cu$_2$Sb)。但是，有研究证实[14]，三个共晶相并不是(Ag)相，(Sb)相 和 θ(Cu$_3$Sb)相，而是 ε(Ag$_3$Sb)相，(Sb)相和 θ(Cu$_2$Sb) 相。因此，为了确定凝固组织的相组成，对定向凝固合金试样进行了 XRD 测试，结果如图 4 - 1(a)所示。可以看出，不同生长速度下的合金凝固试样分别由 ε(Ag$_3$Sb)相，(Sb)相和 θ(Cu$_2$Sb)相组成。采用差示扫描量热法(DSC)对三元 $Ag_{42.4}Cu_{21.6}Sb_{36}$ 共晶合金进行热分析，合金样品加热冷却速率均为 10 K/min。如图 4 - 1(b)所示，三元 $Ag_{42.4}Cu_{21.6}Sb_{36}$ 共晶合金熔化曲线上只存在一个明显的熔化峰，对应温度为 698.2K，即平衡态下三元 $Ag_{42.4}Cu_{21.6}Sb_{36}$ 合金的共晶转变温度，它与已有的研究结果(699 K)相一致。

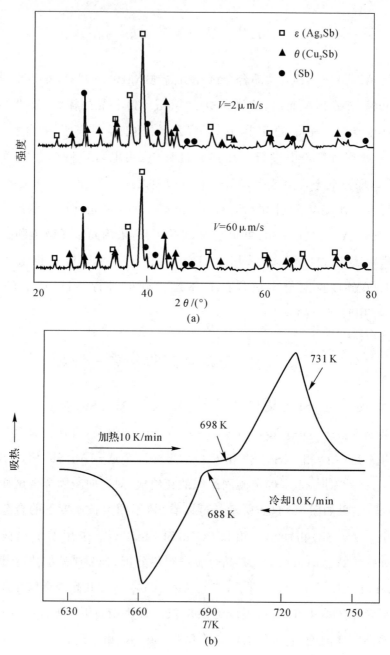

图 4-1 三元 $Ag_{42.4}Cu_{21.6}Sb_{36}$ 共晶合金的相组成和热分析特征

(a)XRD 图谱; (b)DSC 加热和冷却曲线

4.4　定向凝固组织特征

对三元共晶合金的金相组织观察表明,在生长速度范围为 $2\sim60\ \mu m/s$ 内,凝固组织表现为完全的 $(\theta+\varepsilon+Sb)$ 三相共晶组织,且具有明显的定向生长特征。如图 4‐2 所示的是不同生长速度下合金凝固试样内部纵截面和横截面上的共晶组织生长形貌。当生长速度为 $2\ \mu m/s$ 时,如图 4‐2(a) 和 (b) 所示,共晶 θ 相和 ε 相协同生长形成规则的层片组织,而共晶(Sb)相以纤维方式生长,其生长方向平行于层片组织。这与自由凝固过程中小过冷时共晶(Sb)相的生长方向与 $(\theta+\varepsilon)$ 层片呈一定的夹角不同[15]。当生长速度增大到 $18\ \mu m/s$ 时,$\theta(Cu_2Sb)$ 相的生长形态由层片状转变为纤维状,凝固组织形态表现为纤维状的 $\theta(Cu_2Sb)$ 相和 (Sb) 相分布在连续的 $\varepsilon(Ag_3Sb)$ 相基底上。从图 4‐2(d) 中可以明显看出,在凝固试样的横截面上,(Sb)相呈规则的短棒状,而 $\theta(Cu_2Sb)$ 相则是短条状。如果生长速度进一步升高时,这种两相纤维状的结构得以保存但是发生显著细化。如图 4‐2(e) 和 (f) 所示,当生长速度达到 $60\ \mu m/s$ 时,共晶(Sb)相继续保持棒状,而 $\theta(Cu_2Sb)$ 相则表现为蠕虫状。

图 4‐3 给出了 $Ag_{42.4}Cu_{21.6}Sb_{36}$ 合金凝固试样横截面上共晶相间距与生长速度之间的关系。当生长速度从 $2\ \mu m/s$ 上升到 $60\ \mu m/s$ 时,共晶 $\theta(Cu_2Sb)$ 相的间距从 $7.3\ \mu m$ 降低到 $0.8\ \mu m$,而共晶(Sb)相的间距位于 $15.7\sim2.0\ \mu m$ 之间。进一步的数据统计可以发现,共晶相间距和生长速度之间存在如下的函数关系式:

$$\lambda_{Cu_2Sb}=10.9V^{-0.56} \tag{4-1}$$

$$\lambda_{(Sb)}=23.9V^{-0.55} \tag{4-2}$$

上述公式表明,当温度梯度恒定为 $50\ K/cm$ 时,三元 Ag‐Cu‐Sb 共晶定向凝固过程中共晶相间距和生长速度的关系可以用幂函数形式表示为

$$\lambda=kV^{-n} \tag{4-3}$$

式中,k 是常数,n 是生长指数因子。从式(4‐1)和式(4‐2)中可以看出,对于共晶 $\theta(Cu_2Sb)$ 相,$n=0.56$;而对于共晶(Sb)相,$n=0.55$。这两个值略大于 Jackson‐Hunt 二元共晶理论中所预测的 $n=0.50$[5]。同时,它们也大于 Böyük[10] 在三元 Ag‐Cu‐Sn 共晶合金中所测定的 $n=0.51$,但是与 Grugel 和

Brush[16]在 Sn‐Cu 共晶中所测定出的 $n=0.58$ 值十分接近。

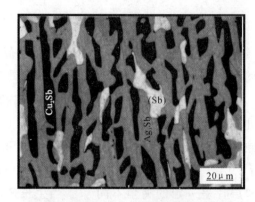

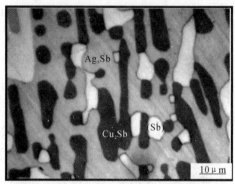

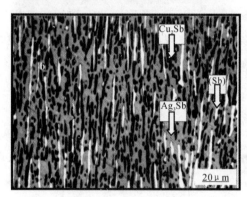

图 4‐2　不同生长速度下 $Ag_{42.4}Cu_{21.6}Sb_{36}$ 合金凝固试样内部纵
截面和横截面上的三相共晶组织生长形貌

(a)$V=2\ \mu m/s$,纵截面光学显微照片;　(b)$V=2\ \mu m/s$,横截面光学显微照片;

(c)$V=18\ \mu m/s$,纵截面光学显微照片;

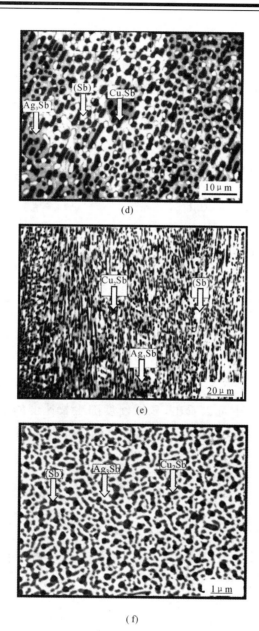

(d)

(e)

(f)

续图 4-2　不同生长速度下 $Ag_{42.4}Cu_{21.6}Sb_{36}$ 合金凝固试样内部纵
截面和横截面上的三相共晶组织生长形貌

(d)$V=18\ \mu m/s$,横截面光学显微照片;(e)$V=60\ \mu m/s$,纵截面光学显微照片;

(f)$V=60\ \mu m/s$,横截面电子显微照片

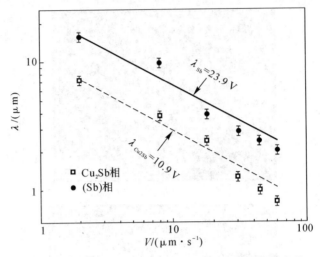

图 4-3　横截面上的共晶相间距随生长速度的变化规律

4.5　显　微　硬　度

图 4-4 给出了三元 $Ag_{42.4}Cu_{21.6}Sb_{36}$ 共晶合金凝固试样横截面上的显微硬度 H。从图 4-4(a)中可以看出，显微硬度随生长速度的增大呈现出上升趋势。图 4-4(b)和(c)进一步统计了显微硬度随共晶相间距的变化规律。显然，显微硬度随相间距的增大而减小。

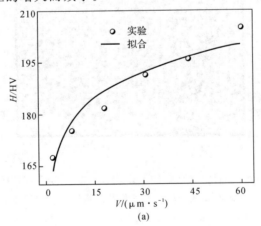

图 4-4　三元 $Ag_{42.4}Cu_{21.6}Sb_3$ 共晶合金的显微硬度

(a)随生长速度的变化规律；

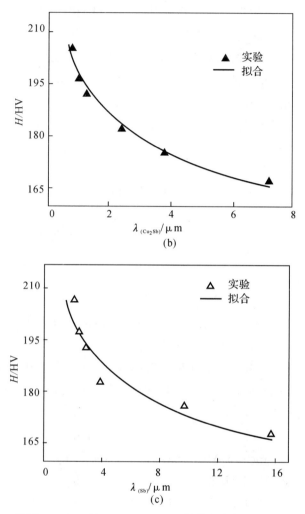

续图 4‑4　三元 $Ag_{42.4}Cu_{21.6}Sb_3$ 共晶合金的显微硬度
(b)随共晶(Cu_2Sb)相间距的变化；　(c)随共晶(Sb)相间距的变化

4.6　本 章 小 结

(1)实现了恒定温度梯度作用下，三元 $Ag_{42.4}Cu_{21.6}Sb_{36}$ 共晶合金在生长速度为 2～60 μm/s 的定向凝固过程。在较低的生长速度下，θ 相和 ε 相以规则层片结构生长，而(Sb)相以纤维状与($\theta+\varepsilon$)层片平行生长。当生长速度增加到

18 μm/s，三元共晶组织形态演化为纤维状（θ+Sb）相结构分布在连续的 ε 相基底上。随着生长速度的进一步提高，该种组织形态得以明显细化。

（2）共晶 θ（Cu_2Sb）相和（Sb）相间距分别随生长速度之间满足 $\lambda_{Cu2Sb}=10.9V^{-0.56}$ 和 $\lambda_{(Sb)}=23.9V^{-0.55}$。共晶生长因子 0.56 和 0.55 均高于二元共晶理论中所预测的值 0.50。

（3）高生长速率下的共晶相间距的减小促使了三元 $Ag_{42.4}Cu_{21.6}Sb_{36}$ 共晶合金显微硬度的升高。

参 考 文 献

[1] Beih，George E P. Microstructures and mechanical properties of a directionally solidified NiAl - Mo eutectic alloy[J]. Acta Materialia，2005，53(1):69 - 77.

[2] Rheme M，Gonzales F，Rappaz M. Growth directions in directionally solidified Al - Zn and Zn - Al alloys near eutectic composition[J]. Scripta Materialia，2008，59(4):440 - 443.

[3] Tiwary C S，Mahapatra D R，Chattopadhyay K. Effect of length scale on mechanical properties of Al - Cu eutectic alloy[J]. Applied Physics Letters，2012，101(17):171901.

[4] Huang Xf，Zhang Wz，Ma Y，et al. Enhancement of hardening and thermal resistance of Mg - Sn - based alloys by addition of Cu and Al [J]. Philosophical Magazine Letters，2014，94(8):460 - 469.

[5] Jackson K A，Hunt J D. Lamellar and rod eutectic growth [J]. Transactions of the metallurgical society of AIME，1966，236:1129 - 1142.

[6] Choudhury A，Plapp M，Nestler B. Theoretical and numerical study of lamellar eutectic three - phase growth in ternary alloys [J]. Physical Review E，2011，83(5):051608.

[7] Ruggiero M A，Rutter J W. Origin of microstructure in the 332 K eutectic of the Bi - In - Sn system [J]. Materials science and technology，1997，13(1):5 - 11.

[8]　Dai F P，Xie W J，Wei B. Spherical ternary eutectic cells formed during free fall [J]. Philosophical Magazine Letters，2009，89(3):170－177.

[9]　Himemiya T，Umeda T. Three－phase planar eutectic growth models for a ternary eutectic system [J]. Materials Transactions，JIM，1999，40(7):665－674.

[10]　Böyük U，Marash N. The microstructure parameters and microhardness of directionally solidified Sn－Ag－Cu eutectic alloy[J]. Journal of Alloys and Compounds，2009，485(1):264－269.

[11]　Silva B L，Araujo I J C，Silva W S，et al. Correlation between dendrite arm spacing and microhardness during unsteady－state directional solidification of Al－Ni alloys[J]. Philosophical Magazine Letters，2011，91(5):337－343.

[12]　Contieri R J，Lopes E S N，De La Cruz M T，et al. Microstructure of directionally solidified Ti－Fe eutectic alloy with low interstitial and high mechanical strength [J]. Journal of Crystal Growth，2011，333(1):40－47.

[13]　Dutkiewicz J，Massalski T B. Search for metallic glasses at eutectic compositions in the Ag－Cu－Ge，Ag－Cu－Sb and Ag－Cu－Sb－Ge systems [J]. Metallurgical Transactions A，1981，12(5):773－778.

[14]　Ying R，Nan W，Cao C D，et al. Ternary Eutectic Growth in a Highly Undercooled Liquid Alloy [J]. Chinese Physics Letters，2004，21(8):1590.

[15]　Ruan Y，Cao C，Wei B. Rapid growth of ternary eutectic under high undercooling conditions [J]. Science in China Series G: Physics，Mechanics and Astronomy，2004，47(6):717－728.

[16]　Grugel R N，Brush L N. Evaluation of the rodlike Cu6Sn5 phase in directionally solidified tin－0.9 wt.% copper eutectic alloys [J]. Materials characterization，1997，38(4):211－216.

第 5 章　三元 Al‑In‑Sn/Ge 偏晶合金的热力学性质与相变规律

5.1　引　　言

　　偏晶合金凝固过程中存在两个不混溶的液相,从而会导致凝固组织表现出诸如上下分层结构或内外壳核组织等多种液相分离模式,这引起了研究者的极大兴趣[1-5]。到目前为止,弥散型和壳核型结构是人们普遍看好的两种具有极大应用潜力的液相分离方式。所谓弥散型,是指第二相小液滴凝固后以细小的颗粒状分散在母液相[6]凝固所成的基体上。而壳核型结构中的壳和核分别由这两种不混溶的液相组成的,并且壳和核具有明确的边界[7]。大量的实验[8-17]和理论计算[18-22]研究表明,热力学性质和动力学因素,如熵、扩散系数、黏度、密度、界面张力、冷却速度、Marangoni 和 Stokes 运动极大地影响着液相分离的过程。因此,为了全面理解液相分离机制,研究不混溶合金在不同条件下热力学性质和液相分离方式具有重要意义。

　　二元 Al‑In 偏晶合金在许多领域都具有广阔的应用前景,不仅可以用于制备先进的自润滑轴承材料,而且可应用于超导体领域[7-8]。虽然 Al‑In 相图在固相区已经很好地建立起来,但是液-液混溶区的具体温度和成分位置,尤其液相分离临界点[8,23-25]还不十分明确。对于热力学性质,二元 Al‑In 合金的表面张力、两液相间的界面张力和密度已有系统的实验测量[8]。然而,Al‑In 偏晶合金的熔化焓和液相分离焓仍然不知道,且这些热力学参数是决定第二液相形核率的必要因素,因此需要进行系统的实验测量。此外,如果在二元 Al‑In 合金中引入少量第三组元元素,它可能会改变相平衡、液相不混溶区的位置和相关的热力学性质。另一方面,液相分离方式也会由于第三组元的添加而不同于二元偏晶合金。研究表明,通过添加第三组元到二元偏晶合金中已经成为有效的调控液相分离方式,且是优化偏晶合金性能的直接途径[26-27]。然而,到目前为止,几乎没有三元 Al-In-X 偏晶合金系的相关报道。

在本章中,分别将 10%Sn 和 10%Ge 添加到二元 $Al_{100-x}In_x$ 偏晶合金体系中,研究三元 $(Al_{100-x}In_x)_{90}Sn_{10}$ 和 $(Al_{100-x}In_x)_{90}Ge_{10}$ 合金的相平衡、热力学和液相分离特征。这两种元素的选择主要是根据它们与 Al 和 In 元素的亲和关系而定的。Sn 元素与 In 元素的亲和力比与 Al 元素与 ln 元素的亲和力更强。这是因为二元 Sn-In 合金是共晶类型合金,它们在液相时是均匀混合的,而二元 Al-Sn 合金在液相时表现出一定的不混溶区间。相反,当富 Al 液相和富 In 液相发生相分离时,Ge 元素趋于存在于富 Al 相内。本章将采用差示扫描量热法(DSC)系统测量二元 Al-In 合金以及三元 Al-In-Sn 和 Al-In-Ge 合金的相转变温度,建立三元 Al-In-Sn/Ge 合金的相图。同时,确定熔化焓和液相分离焓等热力学参数值随 In 元素含量的函数关系。在此基础上,还根据 DSC 凝固曲线特征,对相应合金样品的凝固组织形貌进行研究,揭示 Sn 和 Ge 两种元素对液相分离方式和偏晶凝固组织结构的影响机制。

5.2 实 验 方 法

二元 $Al_{100-x}In_x$ 合金以及三元 $(Al_{100-x}In_x)_{90}Sn_{10}$ 和 $(Al_{100-x}In_x)_{90}Ge_{10}$ 合金(x 为质量百分数)由高纯金属 Al(99.999%),In(99.999%),Sn(99.999%)和 Ge(99.999%)按照成分比例配比,并在氩气保护下采用激光熔炼方法熔化而成。DSC 实验采用 Netzsch DSC 404C 差示扫描量热计,温度和熔化焓的测量分别经过高纯度的 Sn,Zn,Al,Ag,Au,Fe 元素校准,精度分别为 ±1 K 和 ±3%。在 DSC 实验之前,将合金试样置于一个 Al_2O_3 坩埚中,给样品室抽真空,然后充入纯保护氩气。DSC 热分析在不同的扫描速率下进行,最高加热温度大约比液相线温度高 100 K。DSC 实验后,对合金试样进行研磨并进行腐蚀。用光学显微镜对凝固组织形态进行研究,显微组织中的溶质分布通过 INCA energy 300 和电子能谱仪进行测定。

5.3　热力学性质

5.3.1　相转变和不混溶间隙

为了准确地测定各相转变温度,采用 5 K/min 的 DSC 加热和冷却速率对于所选合金成分进行实验研究。对于这三个合金体系,DSC 曲线表明当 In 的含量小于 17.3% 时,不会发生液相分离。图 5-1 所示的是二元 $Al_{90}In_{10}$ 合金、三元 $(Al_{90}In_{10})_{90}Sn_{10}$ 和 $(Al_{90}In_{10})_{90}Ge_{10}$ 合金的 DSC 曲线。如图 5-1(a)所示,二元 $Al_{90}In_{10}$ 合金熔化过程中有三个吸热峰。根据二元 Al-In 合金相图[23],在 $T=429K$ 处的吸热峰对应于共晶熔化 (Al) + (In) $\longrightarrow L_2$(富 In)。当温度上升到 910 K 时,逆偏晶反应 L_2 + (Al) $\longrightarrow L_1$(富 Al)发生。随后,当温度达到 926 K 时,(Al)相熔化。需要指出的是,由于第二和第三吸热峰的温度间距很小,导致这两个吸热峰发生重叠。

对于三元 $(Al_{90}In_{10})_{90}Sn_{10}$ 合金,在 393 K 处出现第一个吸热峰,表示发生了逆共晶转变 (Al) + (In) $\longrightarrow L_2$。在 888 K 处的第二个吸热峰显示了其逆偏晶反应 L_2 + (Al) $\longrightarrow L_1$。随后,当温度继续上升到 920 K 时,剩余的固相(Al)熔化成液相。不难发现,三元 $(Al_{90}In_{10})_{90}Sn_{10}$ 合金在熔化过程中发生了三个相变,除了每一个相转变温度的微弱降低外,与二元 $Al_{90}In_{10}$ 合金的熔化过程基本相同。这可能是由于 Sn 元素溶解在 (In)相内的缘故。正如上面所提及的,二元 Al-Sn 合金是偏晶体系,而二元 In-Sn 合金是共晶体系。在共晶体系中,In 和 Sn 元素在液态时是在任意成分下完全互溶的。对于三元 $(Al_{90}In_{10})_{90}Ge_{10}$ 合金,如图 5-1(a)所示,在 429 K 发生共晶熔化 (Al) + (In) $\longrightarrow L_2$。继续加热至 685 K 时,DSC 曲线上形成了尖锐的吸热峰。根据二元 Al-In,Al-Ge 和 In-Ge 合金体系的二元相图以及后面所提及的凝固组织,预测这个吸热峰对应于共晶转变:(Al) + (Ge) $\longrightarrow L_1$。当合金熔体温度上升到 858 K 时发生偏晶熔化 (Al) + (In) $\longrightarrow L_2$。随着温度的进一步升高,残余固相(Al)在 902 K 完全熔化。

如图 5-1(b)所示是对应合金的 DSC 冷却曲线。在二元 $Al_{90}In_{10}$ 合金的冷却过程中,初生(Al)相于 901 K 时首先从合金熔体中析出。当温度下降到

896 K时,发生偏晶反应 $L_1 \longrightarrow L_2 +$ (Al)。最后,在 428 K 发生共晶凝固 $L_2 \longrightarrow$ (In)＋(Al)。三元 $(Al_{90}In_{10})_{90}Sn_{10}$ 合金的凝固过程与二元 $Al_{90}In_{10}$ 合金基本一致。而三元 $(Al_{90}In_{10})_{90}Ge_{10}$ 合金的凝固路径却不同。当温度降到 895 K时,初生(Al)相首先在母液相中形核,随后在 854K 发生偏晶反应 $L_1 \longrightarrow L_2 +$ (Al)。当温度降到 672 K 时,残余 L_1 液相中发生共晶反应 $L_1 \longrightarrow$ (Al)＋(Ge)。最终,凝固过程伴随着 426 K 时(In＋Al)共晶组织的形成而结束。

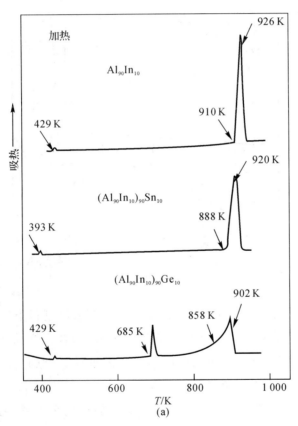

图 5-1　二元 $Al_{90}In_{10}$ 合金、三元 $(Al_{90}In_{10})_{90}Sn_{10}$ 和 $(Al_{90}In_{10})_{90}Ge_{10}$ 合金的 DSC 曲线

(a)熔化曲线;

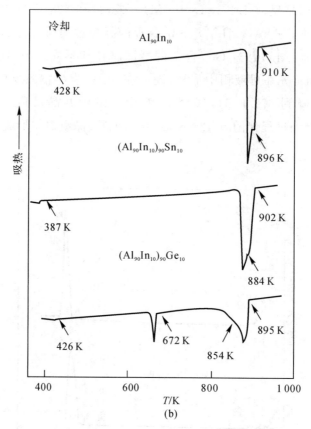

续图 5-1　二元 $Al_{90}In_{10}$ 合金、三元 $(Al_{90}In_{10})_{90}Sn_{10}$ 和 $(Al_{90}In_{10})_{90}Ge_{10}$ 合金的 DSC 曲线

(b)冷却曲线

　　当 In 的含量大于 20％时,这三种合金体系在加热过程中均出现了两个不互溶液相的均一化混合过程。图 5-2 是 $Al_{50}In_{50}$ 基合金样品的 DSC 曲线,展示了它们的相转变特征。对于 $Al_{50}In_{50}$ 合金,正如图 5-2(a)所示,在 429 K 处的吸热峰仍然对应于共晶熔化 $(Al)+(In)\longrightarrow L_2$。在 910 K 处的第二个峰对应于偏晶反应 $L_2+(Al)\longrightarrow L_1$。此时,合金熔体由两个不互溶液相,即 L_1(富 Al)和 L_2(富 In)相组成。当合金熔体温度升高到 1 075 K 时,两液相熔合并均匀化,形成均一液相。三元 $(Al_{50}In_{50})_{90}Sn_{10}$ 合金在熔化过程中,除了由于 Sn 元素溶于(In)相而导致相转变温度微弱降低外,经历了与二元 $Al_{50}In_{50}$ 合金一致的相转变。

对于三元 $(Al_{50}In_{50})_{90}Ge_{10}$ 合金,在 429 K 处的小吸热峰表示发生了共晶熔化 $(Al)+(In) \longrightarrow L_2$,随后在 685 K 处出现的尖锐峰表明发生共晶熔化 $(Al)+(Ge) \longrightarrow L_1$。继续升温,偏晶熔化 $(Al)+L_2 \longrightarrow L_1$ 在 858K 处开始,并产生了一个相对较宽的吸热峰。最终在 1 033 K 时不混溶液相 L_1 与 L_2 均匀混合。图 5-2(b) 是对应的冷却曲线。对于二元 $Al_{50}In_{50}$ 合金,在冷却到 1 065 K 时两个不混溶液相 L_1 与 L_2 发生液相分离。继续降温到 899K 时,发生偏晶反应 $L_1 \longrightarrow (Al)+L_2$。当温度降低到 427 K 时发生共晶凝固 $L_2 \longrightarrow (Al)+(In)$。三元 $(Al_{50}In_{50})_{90}Sn_{10}$ 合金的凝固过程与二元 $Al_{50}In_{50}$ 合金的一致。三元 $(Al_{50}In_{50})_{90}Ge_{10}$ 合金的 DSC 冷却曲线表明,当温度降到 1 019 K 时,液态合金分离成两个液相:L_1(富 Al)和 L_2(富 In)。继续降温,发生偏晶反应 $L_1 \rightarrow (Al)+L_2$。当温度降到 674 K 时,剩余液相 L_1 中发生共晶反应 $L_1 \longrightarrow (Al)+(Ge)$,并且最终在 426 K 发生共晶反应,液相 L_2 转变为 $(Al+In)$ 共晶组织。

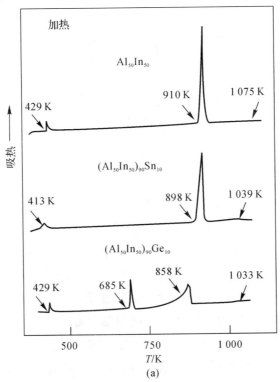

图 5-2　二元 $Al_{50}In_{50}$ 合金、三元 $(Al_{50}In_{50})_{90}Sn_{10}$ 和 $(Al_{50}In_{50})_{90}Ge_{10}$ 合金的 DSC 曲线

(a)熔化曲线;

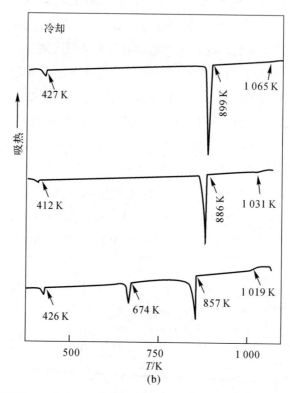

续图 5-2　二元 $Al_{50}In_{50}$ 合金、三元 $(Al_{50}In_{50})_{90}Sn_{10}$ 和 $(Al_{50}In_{50})_{90}Ge_{10}$ 合金的 DSC 曲线

(b)冷却曲线

通过上述 DSC 曲线,可以得到所有的相转变温度,因此可以用来建立二元 $Al_{100-x}In_x$ 合金、三元 $(Al_{100-x}In_x)_{90}Sn_{10}$ 和 $(Al_{100-x}In_x)_{90}Ge_{10}$ 合金的相图,如图 5-3所示。其中,图 5-3(a)是本章所测定的二元 Al-In 合金的液相线温度 T_L 与已发表相图[23]的比较。在亚偏晶区域(0~17.3% In),本章所测得的液相线温度与已发表的相图[23]一致。然而,在过偏晶区域,所有测得的不混溶间距均略有变小。在本研究中,不混溶区域的临界成分和温度分别为 75% In 和 1 112 K,这与文献[23]的测定值 (1 148±5)K 明显不同。须要指出的是,所测得的二元 Al-In 合金的偏晶和共晶转变温度(910 K 和 429 K)与文献[23]一致。

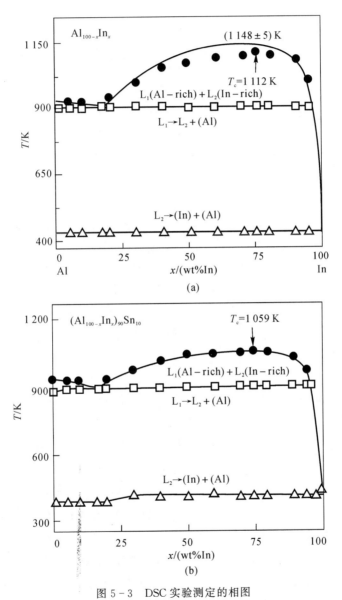

图 5‐3　DSC 实验测定的相图

(a)二元 Al‐In 相图；　(b)含 10％Sn 的三元 Al‐In‐Sn 相图的纵截面；

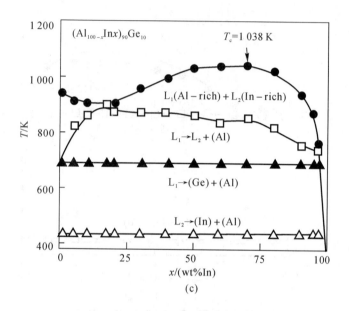

续图 5 - 3　DSC 实验测定的相图

(c)含 10％Ge 的三元 Al - In - Ge 相图的纵剖面

　　图 5 - 3(b)是 Sn 含量为 10％的三元 Al - In - Sn 合金的纵截面相图。比较图 5 - 3(a)和(b),可知除了相转变温度略微降低外,添加 10％Sn 在整个成分区间上不会明显改变 Al - In 基偏晶合金的相转变特征。随着 In 含量 x 的增加,所测得的偏晶温度从 880 K 上升到 901 K。In 含量 x 在 0～17.3％范围内时,Al - In 共晶转变温度大约为 392 K,而当 x 大于 20％时,Al - In 共晶转变温度保持在 413 K。在室温下,$(Al_{100-x} In_x)_{90} Sn_{10}$ 合金平衡凝固相仍为(Al)相和(In)相。相反,将 Ge 元素添加到二元 Al - In 合金中,如图 5 - 3(c)所示,所测得的三元 Al - In - Ge 合金的偏晶反应 $L_1 \longrightarrow (Al)+L_2$ 的温度随 In 含量的升高而变化,并且在 685 K 发生共晶反应 $L_1 \longrightarrow (Al)+(Ge)$,在 429 K 处发生共晶转变 $L_2 \longrightarrow (Al)+(In)$。最终合金样品的凝固组织中含有三个平衡相:(Al)相、(In)相和(Ge)相。上述三种合金体系的相转变温度分别由表 5 - 1,5 - 2 和 5 - 3 给出。

表 5-1　采用 DSC 方法测定的二元 $Al_{100-x}In_x$ 偏晶合金的相转变温度

In 含量 $x/(wt\%)$	液相线温度 $T_{L-(Al-In)}/K$	液相分离温度 $T_{L-mix-(Al-In)}/K$	偏晶反应温度 $T_{M-(Al-In)}/K$	共晶反应温度 $T_{E-(Al-In)}/K$
5	932±1		910±1	429±1
10	926±1		910±1	429±1
17.3	910±1		910±1	429±1
20		946±5	910±1	429±1
30		999±5	910±1	429±1
40		1 053±5	910±1	429±1
50		1 075±5	910±1	429±1
60		1 090±5	910±1	429±1
70		1 100±5	910±1	429±1
75		1 112±5	910±1	429±1
80		1 101±5	910±1	429±1
90		1 080±5	910±1	429±1
95		1 008±5	910±1	429±1

表 5-2　采用 DSC 方法测定的三元 $(Al_{100-x}In_x)_{90}Sn_{10}$ 合金的相转变温度

In 含量 $x/(wt\%)$	液相线温度 $T_{L-(Al-In-Sn)}/K$	液相分离温度 $T_{L-mix-(Al-In-Sn)}/K$	偏晶转变温度 $T_{M-(Al-In-Sn)}/K$	共晶转变温度 $T_{E-(Al-In-Sn)}/K$
5	925±1		888±1	392±1
10	920±1		888±1	393±1
17.3	892±1		892±1	392±1
20		929±5	893±1	396±1
30		973±5	895±1	413±1
40		1 012±5	896±1	413±1
50		1 039±5	898±1	413±1
60		1 046±5	899±1	413±1
70		1 150±5	900±1	413±1
75		1 159±5	901±1	413±1
80		1 054±5	901±1	413±1
90		1 028±5	901±1	413±1
95		969±5	901±1	413±1
97		901±5	901±1	413±1

表 5 - 3　采用 DSC 方法测定的三元 $(Al_{100-x}In_x)_{90}Ge_{10}$ 偏晶合金的相转变温度

In 含量 $x/(wt\%)$	液相线温度 $T_{L\text{-}(Al\text{-}In\text{-}Ge)}/K$	液相分离温度 $T_{L\text{-}mix\text{-}(Al\text{-}In\text{-}Ge)}/K$	偏晶反应温度 $T_{M\text{-}(Al\text{-}In\text{-}Ge)}/K$	共晶反应温度 $T_{E1\text{-}(Al\text{-}In\text{-}Ge)}/K$	共晶反应温度 $T_{E2\text{-}(Al\text{-}In\text{-}Ge)}/K$
5	908±1		818±1	685±1	429±1
10	902±1		858±1	685±1	429±1
17.3	897±1		895±1	685±1	429±1
20		903±5	870±1	685±1	429±1
30		956±5	868±1	685±1	429±1
40		994±5	869±1	685±1	429±1
50		1 033±5	858±1	685±1	429±1
60		1 035±5	834±1	685±1	429±1
70		1 038±5	846±1	685±1	429±1
80		1 018±5	813±1	685±1	429±1
90		940±5	753±1	685±1	429±1
95		864±5	739±1	685±1	429±1
97		763±5	734±1	685±1	429±1

如图 5 - 3 所示,Sn 元素的加入降低了整个液相混溶区的混溶温度,并且测得 $(Al_{25}In_{75})_{90}Sn_{10}$ 合金的临界不混熔温度为 1 059 K。与三元 $(Al_{100-x}In_x)_{90}Sn_{10}$ 合金相比,添加 10% Ge 元素会缩小不混溶区间。当 In 含量 x 为 70% 时,临界不混溶温度为 1 038 K。

5.3.2　熔化焓

采用 5 K/min 的 DSC 加热速率测定了 $Al_{100-x}In_x$ 基合金的熔化焓 ΔH_m,即从固相线到液相线温度内合金熔体吸收的所有热量,结果由图 5 - 4 和表 5 - 4 给出。可以看出,二元 Al - In 合金的熔化焓随着 In 含量 x 的增加而线性降低。当加入 10% Sn 元素时,三元 $(Al_{100-x}In_x)_{90}Sn_{10}$ 合金的熔化焓随 In 含量 x 的变化和二元 Al - In 合金的变化趋势一致。当加入 10% Ge 元素时,三元 $(Al_{100-x}In_x)_{90}Ge_{10}$ 合金的熔化焓介于前两者之间。值得提及的是,随 In 含量 x 的升高,Sn 元素和 Ge 元素对合金熔化焓的影响是有限的,如图 5 - 4 所示,当

In 含量 x 大于 90% 时,这三个合金的熔化焓是很接近的。二元 Al-In 合金、三元 Al-In-Sn 和 Al-In-Ge 合金的熔化焓 $\Delta H_{m-(Al-In)}$,$\Delta H_{m-(Al-In-Sn)}$ 和 $\Delta H_{m-(Al-In-Ge)}$ 与 In 元素含量 x 的关系通过线性回归拟合得如下方程:

$$\Delta H_{m-(Al-In)} = 428.52 - 3.94x \qquad (5-1)$$

$$\Delta H_{m-(Al-In-Sn)} = 343.15 - 3.23x \qquad (5-2)$$

$$\Delta H_{m-(Al-In-Ge)} = 389.83 - 3.54x \qquad (5-3)$$

图 5-4 中所测得数据点的最大误差限为 ±5%。

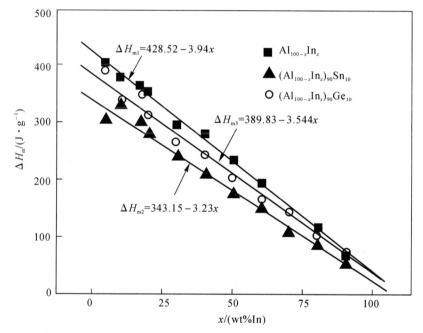

图 5-4　二元 $Al_{100-x}In_x$,三元 $(Al_{100-x}In_x)_{90}Sn_{10}$ 和 $(Al_{100-x}In_x)_{90}Ge_{10}$ 合金的熔化焓与 In 含量 x 的关系

表 5-4　采用 DSC 方法测定的二元 $Al_{100-x}In_x$,三元 $(Al_{100-x}In_x)_{90}Sn_{10}$ 和 $(Al_{100-x}In_x)_{90}Ge_{10}$ 合金的熔化焓

In 含量 x/(wt%)	$\Delta H_{m-Al-In}$/(J·g^{-1})	$\Delta H_{m-Al-In-Sn}$/(J·g^{-1})	$\Delta H_{m-Al-In-Ge}$/(J·g^{-1})
5	407	307	392
10	380	331	342
17.3	367	302	350

续 表

In 含量 x/(wt%)	$\Delta H_{\text{m-Al-In}}$/(J·g^{-1})	$\Delta H_{\text{m-Al-In-Sn}}$/(J·g^{-1})	$\Delta H_{\text{m-Al-In-Ge}}$/(J·g^{-1})
20	357	282	313
30	298	241	268
40	281	208	246
50	236	174	202
60	195	149	167
70	146	105	144
80	117	86	103
90	68	55	71

5.4　液相分离与组织形态演变

图 5－5(a)是二元 Al$_{90}$In$_{10}$亚偏晶合金 DSC 样品的凝固组织形貌。可以看出,平均直径为 10 μm 的细小球形(In)相分散于初生(Al)固溶体相的晶界处。能谱(EDS)分析结果表明,这两个相几乎分别是由纯 In 和纯 Al 元素组成。当加入 10％Sn 元素时,如图 5－1(b)所示,(Al$_{90}$In$_{10}$)$_{90}$Sn$_{10}$的凝固过程与二元 Al$_{90}$In$_{10}$合金一致。这导致了类似的生长形貌出现在三元(Al$_{90}$In$_{10}$)$_{90}$Sn$_{10}$合金的 DSC 凝固样品中。如图 5－5(b)所示,白色的球状(In)颗粒仍然分布于(Al)晶粒的界面处,但是颗粒平均直径大约达到 20 μm。能谱(EDS)分析表明(Al)相几乎是由纯 Al 组成,而(In)粒子中溶解着 Sn 元素。三元(Al$_{90}$In$_{10}$)$_{90}$Ge$_{10}$合金的凝固微观组织特征表现为(In)粒子和(Al＋Ge)共晶组织分布于初生(Al)相晶粒的晶界处。图 5－5(c)中的插图是 Al－Ge 共晶组织的放大图,其表明了(Al)相和(Ge)相以层片状生长。能谱分析(EDS)表明大约 3.5％的 Ge 溶解于(Al)基体相中,而仅有 1％的 Ge 存在于(In)相中。

正如前文中所提到的,当 In 含量 x 超过 20％时,这三个合金体系在冷却过程中都表现出液相分离现象。因此,本节选择 Al$_{70}$In$_{30}$,Al$_{50}$In$_{50}$ 和 Al$_{20}$In$_{80}$基合金作为研究对象,研究其不同的液相分离方式。对于前两者,在液相分离过

程中 L_2 相是具有小体积分数的少数相,然而在最后一种情况下,它却是比 L_1 相占据更大体积分数的多数相。图 5-6 显示的是上述 DSC 合金样品的横截面凝固组织形貌。如图 5-6(a)和(b)所示,$Al_{70}In_{30}$ 和 $(Al_{70}In_{30})_{90}Sn_{10}$ 合金的液相分离形态表现为较厚的(Al)核心相与较薄的(In)外壳相所形成的壳核结构。如图 5-6(d)和(e)所示,直到 In 含量 x 达到 80%时,这种结构仍保持下来,只是外壳(In)相变厚。对于 $Al_{20}In_{80}$ 和 $(Al_{20}In_{80})_{90}Sn_{10}$ 合金,L_1 相是少数相,并且许多大的 L_1 相液滴分散于接近样品表面的 L_2 基体相中。

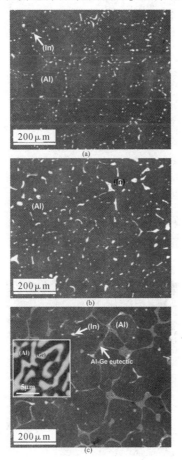

图 5-5　Al-In 基合金凝固组织

(a)$Al_{90}In_{10}$ 合金；　(b)$(Al_{90}In_{10})Sn_{10}$ 合金；　(c)$(Al_{90}In_{10})Ge_{10}$ 合金

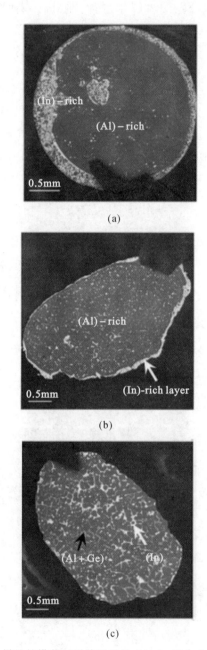

图 5 - 6 DSC 样品的横截面形貌展示的 Al - In 基合金的液相分离模式

(a) $Al_{70}In_{30}$ 合金; (b) $(Al_{70}In_{30})_{90}Sn_{10}$ 合金; (c) $(Al_{70}In_{30})_{90}Ge_{10}$ 合金;

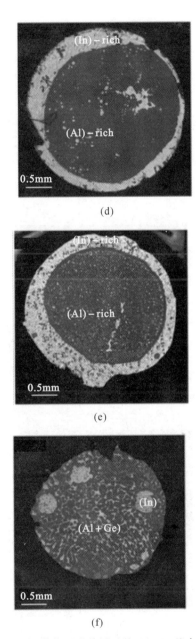

续图 5-6　DSC 样品的横截面形貌展示的 Al-In 基合金的液相分离模式

（d）Al$_{50}$In$_{50}$合金；　（e）(Al$_{50}$In$_{50}$)$_{90}$Sn$_{10}$合金；　（f）(Al$_{50}$In$_{50}$)$_{90}$Ge$_{10}$合金；

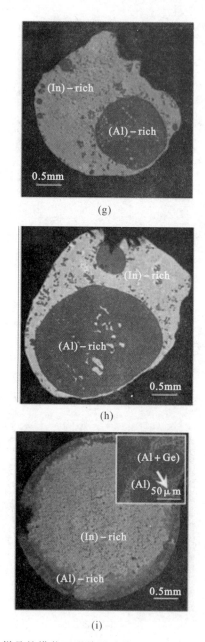

续图 5-6 DSC 样品的横截面形貌展示的 Al-In 基合金的液相分离模式

(g)$Al_{20}In_{80}$合金； (h)$(Al_{20}In_{80})_{90}Sn_{10}$合金； (i)$(Al_{20}In_{80})_{90}Ge_{10}$合金

　　通过对上述微观组织结构的观察,我们探讨了二元 $Al_{100-x}In_x$ 和三元 $(Al_{100-x}In_x)_{90}Sn_{10}$ 合金的液相分层机制。当 L_2 相是小体积相时,在液相分离的起初阶段,它在合金样品的外层形核,因为与样品中心比,这里的温度相对较低。由于 L_2 相的表面张力比 L_1 相的表面张力小,且 In 与 Al_2O_3 坩埚的润湿性比 Al 与 Al_2O_3 坩埚的润湿性好,所以 L_2 液滴结合并扩散到壳层以减小表面能。此后,液态合金样品中的温度梯度导致 Marangoni 运动,从而使接近样品表面的 L_2 相液滴向样品中心移动。然而,如最后的微观组织结构所示,它们没有在样品中心形成一个核。这与雾化和落管实验[1,17]不同。原因可能是 DSC 实验中的冷却速率较慢,导致不能形成较高的温度梯度,从而无法使 L_2 液滴运动到样品中心。在这种情况下,形成了一个较薄的 L_2 相壳层和一个较厚的 L_1 相核心结构。另一方面,当 L_1 相是较小的液相时,它也会优先在样品表层的 L_2 相上开始形核。由于纯 Al 与 Al_2O_3 坩埚的润湿性较差,L_1 相就不能形成壳。不管怎样,它们仍然趋向于凝固成大的液滴,以降低系统的能量。此外,L_1 相液滴也会被 Marangoni 运动驱使而移动到样品中心。但是,由于 Marangoni 运动的运动速度很小,L_1 液滴不能在样品中心形成一个完整的核。因此,液相分离方式以较大的 L_1 液滴分布于 L_2 基体相中为特征。

　　三元 $(Al_{100-x}In_x)_{90}Ge_{10}$ 合金的液相分离形态不同于二元 $Al_{100-x}In_x$ 和三元 $(Al_{100-x}In_x)_{90}Sn_{10}$ 合金。如图 5‐6(c)所示是 $(Al_{70}In_{30})_{90}Ge_{10}$ 的凝固形貌,这里 L_2 是小体积分数相。细小的 L_2 相液滴和二元(Al＋Ge)共晶组织均匀地分布于样品表层的 L_1 相基体中。当 In 含量 x 上升到 50％时,如图 5‐6(f)所示,许多大的(In)液滴分散于样品表面的(Al)基体相中。对于 $(Al_{20}In_{80})_{90}Ge_{10}$ 合金,L_2 相是大体积分数相,因此形成了一个完整的壳核结构。如图 5‐6(i)所示,薄的壳层主要是由(Al)固溶体相和 L_1 生成的 Al‐Ge 共晶结构组成,而大体积相 L_2 就形成了核。这个与二元 Al‐In 和三元 Al‐In‐Sn 合金是完全相反的,因为它们的 L_2 液相具有较低的表面张力而占据了样品表层,这与其体积分数无关。众所周知,纯 Al 与 Al_2O_3 的润湿性可以通过添加其他元素而大大提高。同时,据报道称,当将 Al_2O_3 坩埚变成 SiC 坩埚时,由于它们不同的润湿性,二元 Al‐In 合金的壳层与核心发生了变化。基于这个报道结果,本研究提出三元 Al‐In‐Ge 合金的壳核交换可能是由于添加 Ge 元素后提高了富(Al)相与 Al_2O_3 坩埚的润湿性,其中 Ge 元素是主要溶解于 L_1 相的。因此,

$(Al_{100-x}In_x)_{90}Ge_{10}$ 合金的 DSC 实验中发生的液相分离机制是：当 L_2 相是小体积相时，它并非移动到壳层，而是移动到样品中心。由于低的温度梯度导致其移动能力较弱，它们最终分散于 L_1 基体相中。如果 L_2 相是大体积相，由于 L_1 与 Al_2O_3 坩埚的界面能小，它在样品表层形核后扩散到壳层里。然后，L_1 液滴运动但不能到达中心。因此，形成了薄的壳层与较厚的核心结构。

基于以上液相分离特征可以看出，小体积的第二液相是很难移动到样品中心形成核心的。这是由于 DSC 样品内部较低的温度梯度导致小体积相的 Marangoni 运动很慢。同时，Al-In 基合金的壳相可通过添加适当的第三组元而转变。对于 Al-In 和 Al-In-Sn 合金，实验得到了具有低熔点的 L_2 壳结构相，而具有高熔点的 L_1 壳结构产生于 Al-In-Ge 合金中。令人兴奋的是，这种具有高熔点的壳结构相可作为固体容器，储存和释放低熔点相因凝固和熔化而形成的能量，这在储能材料中有巨大的应用潜能[15,28,29]。

5.5　本　章　小　结

本章通过 DSC 方法系统研究了三元 Al-In-Sn/Ge 偏晶合金体系的热力学性质和凝固组织特征，主要得到以下结论：

（1）系统测定了二元 $Al_{100-x}In_x$、三元 $(Al_{100-x}In_x)_{90}Sn_{10}$ 和 $(Al_{100-x}In_x)_{90}Ge_{10}$ 合金的相转变温度，建立了对应的二元和三元相图。

（2）精确测定了这三种合金体系的熔化焓，并给出了熔化焓与合金成分之间的对应函数关系。

（3）揭示了二元 $Al_{100-x}In_x$、三元 $(Al_{100-x}In_x)_{90}Sn_{10}$ 和 $(Al_{100-x}In_x)_{90}Ge_{10}$ 合金的不同液相分离机制。

参　考　文　献

[1] DomÍNguez I, Requejo P F, Canosa J, et al. （Liquid ＋ liquid）equilibrium at T＝298. 15K forternary mixtures of alkane＋aromatic compounds＋imidazolium-based ionic liquids［J］. The Journal of Chemical Thermodynamics，2014，74:138-143.

[2]　Wang W L, Li Z Q, Wei B. Macrosegregation pattern and microstructure feature of ternary Fe－Sn－Si immiscible alloy solidified under free fall condition[J]. Acta Materialia, 2011, 59(14):5482－5493.

[3]　Kotadia H R, Das A, Doernberg E, et al. A comparative study of ternary Al－Sn－Cu immiscible alloys prepared by conventional casting and casting under high－intensity ultrasonic irradiation[J]. Materials Chemistry and Physics, 2011, 131(1):241－249.

[4]　Li H L, Zhao J Z. Convective effect on the microstructure evolution during a liquid－liquid decomposition[J]. Applied Physics Letters, 2008, 92(24):241902.

[5]　Schaffer P L, Mathiesen R H, Arnberg L, et al. In situ investigation of spinodal decomposition in hypermonotectic Al－Bi and Al－Bi－Zn alloys [J]. New Journal of Physics, 2008, 10(5):053001.

[6]　Silva A P, Goulart Pr, Garcia A, et al. Microstructural development during transient directional solidification of a hypomonotectic Al－In alloy [J]. Philosophical Magazine Letters, 2012, 92(9):442－450.

[7]　Luo B C, Liu X R, Wei B. Macroscopic liquid phase separation of Fe－Sn immiscible alloy investigated by both experiment and simulation[J]. Journal of Applied Physics, 2009, 106(5):053523.

[8]　Kaban I G, Hoyer W. Characteristics of liquid－liquid immiscibility in Al－Bi－Cu, Al－Bi－Si, and Al－Bi－Sn monotectic alloys: Differential scanning calorimetry, interfacial tension, and density difference measurements [J]. Physical Review B, 2008, 77(12):125426.

[9]　Zhai W, Wang N, Wei B. Direct observation of phase separation in binary monotectic solution [J]. Acta Physica Sinica, 2007, 56(4):2353－2358.

[10]　Liu N. Investigation on the phase separation in undercooled Cu－Fe melts [J]. Journal of Non－Crystalline Solids, 2012, 358(2):196－199.

[11]　Kaban I, Curiotto S, Chatain D, et al. Surfaces, interfaces and phase

transitions in Al – In monotectic alloys [J]. Acta Materialia, 2010, 58 (9):3406 – 3414.

[12] Zang D Y, Wang H P, Dai F P, et al. Solidification mechanism transition of liquid Co – Cu – Ni ternary alloy [J]. Applied Physics A, 2011, 102(1):141 – 145.

[13] Dai R, Zhang S G, Guo X, et al. Formation of core – type microstructure in Al – Bi monotectic alloys [J]. Materials Letters, 2011, 65(2):322 – 325.

[14] Mattern N, LÖSer W, Eckert J. Influence of cooling rate on crystallization and microstructure of the monotectic $Ni_{54} Nb_{23} Y_{23}$ alloy [J]. Philosophical Magazine Letters, 2007, 87(11):839 – 846.

[15] Ma B Q, Li J Q, Penng Z J, et al. Structural morphologies of Cu – Sn – Bi immiscible alloys with varied compositions[J]. Journal of Alloys and Compounds, 2012, 535:95 – 101.

[16] Sun Z B, Guo J, Song X P, et al. Effects of Zr addition on the liquid phase separation and the microstructures of Cu – Cr ribbons with 18 – 22at. % Cr[J]. Journal of Alloys and Compounds, 2008, 455(1):243 – 248.

[17] Wu Y Q, Li C J. Investigation of the phase separation of Al – Bi immiscible alloy melts by viscosity measurements [J]. Journal of Applied Physics, 2012, 111(7):073521.

[18] He J, Zhao J Z, Ratke L. Solidification microstructure and dynamics of metastable phase transformation in undercooled liquid Cu – Fe alloys [J]. Acta materialia, 2006, 54(7):1749 – 1757.

[19] Wang F, Choudhury A, Strassacker C, et al. Spinodal decomposition and droplets entrapment in monotectic solidification[J]. The Journal of chemical physics, 2012, 137(3):034702.

[20] Ratke L. Theoretical considerations and experiments on microstructural stability regimes in monotectic alloys[J]. Materials Science and Engineering: A, 2005, 413:504 – 508.

[21] Li H L，Zhao J Z. Directional solidification of an Al-Pb alloy in a static magnetic field[J]. Computational Materials Science，2009，46 (4):1069-1075.

[22] Mirkovic D，Gröbner J，Schmid-Fetzer R. Liquid demixing and microstructure formation in ternary Al-Sn-Cu alloys [J]. Materials Science and Engineering：A，2008，487(1):456-467.

[23] Murray J L. The Al-In (Aluminum-Indium) system [J]. Bulletin of Alloy Phase Diagrams，1983，4(3):271-278.

[24] Ansara I，Bros J P，Girard C. Thermodynamic analysis of the Ga-In，Al-Ga，Al-In and the Al-Ga-In systems [J]. Calphad，1978，2 (3):187-196.

[25] Sharma R C，Srivastava M. Phase equilibria calculations of Al-In and Al-In-Sb systems [J]. Calphad，1992，16(4):409-426.

[26] Curiotto S，Battezzati L，Johnson E，et al. Acta Mater 2007;55:6642.

[27] Sun Z，Song X，Hu Z，Yang S，Et Al. Effects of Ni addition on liquid phase separation of Cu-Co alloys[J]. Journal of alloys and compounds，2001，319(1):276-279.

[28] Zalba B，Marin J M，Cabeza L F，et al. Review on thermal energy storage with phase change：materials，heat transfer analysis and applications[J]. Applied thermal engineering，2003，23(3):251-283.

[29] Kenisarin M M. High-temperature phase change materials for thermal energy storage [J]. Renewable and Sustainable Energy Reviews，2010，14(3):955-970.

第6章　三元 Al – Sn – Cu 偏晶合金的热力学性质和相变规律

6.1　引　　言

偏晶合金的凝固涉及两个不互溶液相的分离和偏晶反应过程。如果能形成较软的第二相均匀弥散分布在硬质基底上的组织结构,偏晶合金就能成为性能优异的自润滑材料、超导材料、触点材料和电化学材料等[1-4]。但是,由于偏晶合金的两个不互溶液相通常具有较大的密度差异,在重力作用下凝固时很容易形成分层组织,大大限制了该类合金在工业上的应用。近年来,很多研究者对于偏晶合金进行了大量的实验[5-9]和计算模拟[10-14]研究,发现合金自身的热力学性质和外界的动力学因素,如熔变、黏度、界面张力、冷速和过冷度水平等均能显著影响其液相分离和凝固过程。

与二元偏晶合金相比,三元偏晶合金中存在两个液相和两个固相的四相平衡,这就有可能形成不同类型的偏晶反应[15],如分解型,即其中一相分解成其他三相;二是转变型,即其中两相转变为其他两相;三是生成型,即其中三相发生转变形成另外一相。很显然,这些不同类型的偏晶反应有可能形成不同的液相分离形式和新颖的偏晶组织形态。所以,研究三元偏晶合金的液相分离和凝固机制无论是从基础科学理论研究的角度还是从实际工业应用方面都具有重要的意义。

目前,研究者们已经展开了一些关于三元偏晶合金,如 Al – Sn – Mg[16],Cu – Co – Ni[17],Fe – Cu – Co[18],Fe – Sn – Si[19] 和 Bi – Sn – Cu[20] 等合金的凝固机制方面的研究工作。对于 Al – Cu – Sn 合金,Schmid – Fetzer 等人[21,22]报道,如果在具有亚稳不互溶间隙的二元 Al – Sn 合金体系内加入第三组元 Cu 元素,则三元 Al – Sn – Cu 合金体系能形成一个稳定的液相不互溶区。他们还采用 DTA 实验测定结合热力学计算的方法建立了 30% 和 60% Sn 以及 30%

Al 截面的三元 Al-Sn-Cu 相图。除此之外,还发现了该体系中三个固定的偏晶反应[15, 22],即分解型反应 $\beta \longrightarrow L_1 + L_2 + \eta(AlCu)$ 和 $L_1 \longrightarrow L_2 + (Al) + \theta(Al_2Cu)$ 以及转变型反应 $L_1 + \eta(AlCu) \longrightarrow L_2 + \theta(Al_2Cu)$。

　　本章选取三元 Al-Cu-Sn 偏晶合金为研究对象,其中 Cu 元素的质量百分数为 10% 不变,Sn 元素的质量含量位于 3%～75%。这一系列合金的特点是不互溶液相分离有可能始于初生(Al)相的凝固之前,也有可能位于初生(Al)相凝固之后。主要研究以下三个方面的问题:首先,采用 DSC 方法,全面测定三元 Al-10%Cu-x%Sn 合金的各种相转变温度;其次,系统测定熔化焓这一关键的热力学参数随 Sn 含量的变化规律;最后,根据 DSC 冷却曲线的特征,研究该三元合金的组织形态变化规律。特别关注了由于凝固路径变化所引发的液相分离形式变化特征。

6.2　实　验　方　法

　　本研究选取 16 种不同成分的三元 Al-10%Cu-x%Sn 合金作为研究对象(具体成分如表 6-1 所示)。每个样品的质量约为 80 mg,由高纯度 Al (99.999%),Cu (99.999%)和 Sn (99.999%)按比例配制而成,并在氩气保护下通过激光熔化。DSC 实验采用 Netzsch DSC 404C 差示扫描量热计,该量热计的熔点和熔化焓经过高纯度的 Sn,Zn,Al,Ag,Au 和 Fe 元素校准。温度和熔化焓的测定精度分别为 ±3 K 和 ±3%。在 DSC 实验之前,将合金试样置于一个 Al_2O_3 坩埚中,将样品室抽真空,然后充入纯保护氩气。DSC 热分析在不同的扫描速率下进行,最高加热温度大约为比液相线温度高 100 K。DSC 实验后,对合金试样进行研磨并腐蚀。用光学显微镜对凝固组织形态进行研究。

表 6-1　三元 Al-10%Cu-x%Sn 合金的热力学性质

合金成分 x/(wt%)	液相线温度 T_L/K	熔化焓 ΔH_m/(J·g^{-1})
Al-10%Cu-3%Sn	906	327.19
Al-10%Cu-10%Sn	898	298.61
Al-10%Cu-20%Sn	889	284.32
Al-10%Cu-30%Sn	870	270.04

续 表

合金成分 x/(wt%)	液相线温度 T_L/K	熔化焓 ΔH_m/(J·g^{-1})
Al-10%Cu-36%Sn	854	255.75
Al-10%Cu-40%Sn	837	241.47
Al-10%Cu-42%Sn	835	227.18
Al-10%Cu-45%Sn	830	212.89
Al-10%Cu-47%Sn	821	198.61
Al-10%Cu-50%Sn	828	184.32
Al-10%Cu-55%Sn	846	170.03
Al-10%Cu-60%Sn	872	155.75
Al-10%Cu-63%Sn	897	141.46
Al-10%Cu-66%Sn	926	127.17
Al-10%Cu-70%Sn	962	112.89
Al-10%Cu-75%Sn	988	98.600

6.3 三元 Al-10%Cu-x%Sn 合金相图

采用 DSC 方法全面测定了三元 Al-10%Cu-x%Sn 合金的相转变温度，其中包括液相线温度和相转变温度。如图 6-1 所示是采用实验方法建立的三元 Al-10%Cu-x%Sn 合金的相图。从图 6-1 中可以看出，按照凝固路径的不同，液相线温度大致可以分为两个区域。当 Sn 的含量小于 47%时，在凝固过程中，初生(Al)相首先从合金熔体中析出(L ——→(Al))。相反，如果 Sn 的含量大于 47%时，液相分离先于初生(Al)相的凝固。液相线与成分的对应关系由表 6-1 给出。数值拟合表明，T_L 与 Sn 含量 x 之间的函数关系可由以下两个公式给出。当 Sn 含量位于 3%～47%之间时，有

$$T_L = 906.581\ 95 - 1.759x \quad (K) \tag{6-1}$$

而当 Sn 含量位于 47%～75%时，有

$$T_L = 2\ 859.911\ 78 - 105.925\ 25x + 1.752\ 74x^2 - 0.008\ 97x^3 \quad (K)$$

$$(6-2)$$

须要指出的是,本章实验测定值与理论计算值[21]在 3%~40%Sn 的区间内符合得很好。但是当 Sn 的含量大于 40% 时,实验测定值小于理论计算值[21]。如图 6-1 所示,相图上存在三个单变量相变反应,它们分别是 $L_1 \longrightarrow$ (Al)$+\theta$,$L_1 \longrightarrow L_2 +$ (Al) 和 $L_1 \longrightarrow L_2 + \theta$。同时有两个四相平衡的固定相变,即在 801 K 时发生的分解型偏晶转变 $L_1 \longrightarrow L_2 +$ (Al)$+\theta$ 和在 501 K 时发生的共晶转变 $L_2 \longrightarrow$ (Al)$+\theta+$(Sn)。

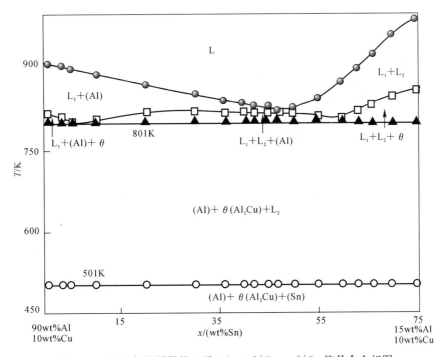

图 6-1 DSC 方法测得的三元 Al-10%Cu-x%Sn 偏晶合金相图

6.4 熔 化 焓

采用 DSC 方法所测定的三元 Al-10%Cu-x%Sn 合金的熔化焓 ΔH_m 由表 6-1 和图 6-2 给出。熔化焓 ΔH_m 和 Sn 含量 x 之间的函数关系可由线性拟合的公式给出:

$$\Delta H_m = 328.276\ 63 - 3.141\ 69x \tag{6-3}$$

作为比较,由 Neumann‐Kopp 公式所计算出的熔化焓也示于图 6‐2 中,即

$$\Delta H_0 = X_1 \Delta H_m^1 + X_2 \Delta H_m^2 + X_3 \Delta H_m^3 \tag{6-4}$$

式中,X_i 和 ΔH_m^i 分别是纯组元 $i(i = Al,\ Cu$ 和 Sn) 的摩尔分数和熔化焓。从图 6‐2 中可以看出,理论计算值与实验测定值存在很大的偏差,这是因为理论计算值是基于理想溶液模型基础上的。

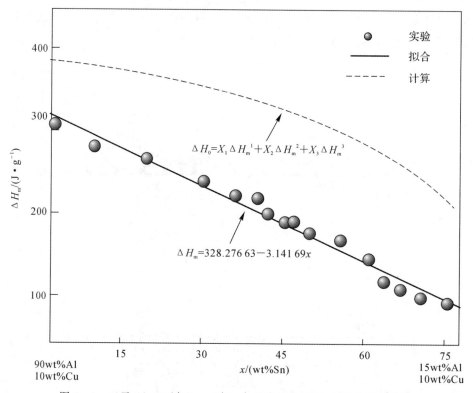

图 6‐2 三元 Al‐10%Cu‐x%Sn 合金熔化焓随 Sn 含量的变化曲线

6.5 过冷能力

本节研究 DSC 实验中不同冷速(5 K/min 和 40 K/min)对于初生(Al)相的结晶温度或液相分离发生温度 T_N 的影响规律,结果示于图 6‐3 中。不难发现,当冷速从 5 K/min 提高到 40 K/min 时,对于那些初生(Al)相先于液相分

离发生的合金而言,初生(Al)相的形核温度降低了 5~7 K。然而,对于那些冷却过程中液相分离先于初生(Al)相形核的合金,冷速的提高并没有明显改变合金液相分离温度。这些结果说明,对于初生(Al)相凝固先于液相分离发生的合金来说,其过冷能力随冷速的提高而明显增大。但是,对于那些液相分离过程先于初生(Al)相析出的合金来说,其过冷能力随冷速的变化不明显。

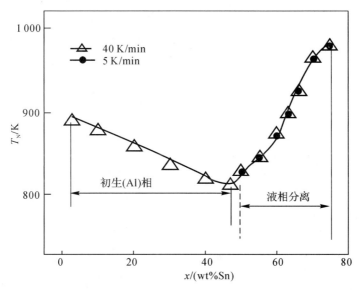

图 6 - 3　不同成分三元 Al - 10％Cu - x％Sn 合金的液相分离或初生(Al)相形核温度的变化

6.6　液相分离和偏晶凝固组织形态

6.6.1　Al - 10％Cu - 3％Sn 合金

如图 6 - 4(a)显示的是三元 Al - 10％Cu - 3％Sn 合金的 DSC 曲线。可以看出,加热和冷却过程分别存在 4 个吸热峰和放热峰,分别对应着 4 次相变过程。在加热过程中,501 K 对应的较小吸热峰是由于共晶熔化(Al)+θ(Al$_2$Cu)+(Sn)⟶L$_2$ 所致。当温度上升到 801 K 时,产生了一个较强的吸热峰,对应于(Al)+θ+L$_2$⟶L$_1$ 相变过程。如果继续加热合金到 810 K,发生相变 θ(Al$_2$Cu)+(Al)⟶L$_1$。最后,当合金温度进一步上升至 902 K,剩余的固态(Al)相全部熔化为液相。相应地,在冷却过程中,当温度降低到 892 K 时,初生(Al)

相首先从合金熔体中析出。如图 6-4(b)的凝固组织所示,大量的初生(Al)相生长成粗大的发达枝晶。当合金熔体温度降低到 803 K 时,θ 相和(Al)相从液态合金中形核。其中,θ 相以小平面方式依附于初生(Al)相生长,形成长板条状。当温度继续降低到 798 K 时,发生四相偏晶反应 $L_1 \longrightarrow (Al) + \theta(Al_2Cu) + L_2$。随后,剩余液相 L_2 于 499 K 时通过四相共晶反应 $L_2 \longrightarrow (Al) + \theta(Al_2Cu) + (Sn)$ 凝固。如图 6-4(b)所示,少量的三相 (Al+Sn+θ) 偏晶组织分布在 θ 相和(Al)相的晶界处。

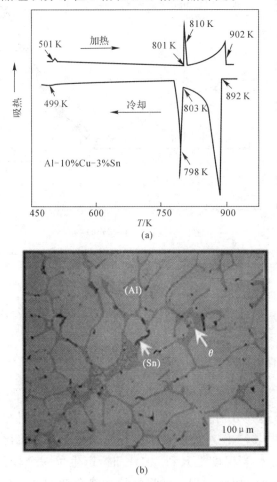

图 6-4　Al-3％Sn-10％Cu 的热分析曲线及微观形貌

(a)DSC 曲线；　(b)凝固组织形态

6.6.2　Al - 10%Cu - x%Sn (x＝10～47)合金

如图 6 - 5 所示的是三元 Al - 10%Cu - x%Sn 合金的 DSC 加热和冷却曲线。对于这一系列合金,它们经历了极为相似的相变过程。如图 6 - 5(a)所示,在加热过程中,这些合金的第一个相变(Al)＋θ＋(Sn)$\longrightarrow$$L_2$均发生于 501 K。当温度升高到 801 K 时,它们都发生第二次相变(Al)＋θ＋$L_2$$\longrightarrow$$L_1$。随后,当合金中 Sn 的含量位于 10%～40%时,出现了一个与 801K 吸热峰紧密相连的更小吸热峰,该峰对应于相变(Al)＋$L_2$$\longrightarrow$$L_1$。要指出的是,虽然从 Al - 10%Cu - 10%Sn 合金的加热曲线上看不到这一吸热峰,但其对应的放热峰却在冷却过程中表现得十分明显。随着 Sn 含量的增加,(Al)＋$L_2$$\longrightarrow$$L_1$相变温度由 804 K 上升到 821 K。最后,这些合金中所剩余的固态(Al)相随着温度升高逐渐熔化直至合金变为均一的液相。这些合金的液相线温度也随着 Sn 含量的增大而逐渐降低。图 6 - 5(b)给出了这一系列合金的 DSC 冷却曲线。它们共同的凝固过程可以表述如下:(Al)相首先从合金熔体中析出。随后,剩余液相发生三相偏晶反应 $L_1$$\longrightarrow$(Al)＋$L_2$。$L_2$液相从母液相中分离并且固相(Al)也从母液相中析出。要指出的是,当 Sn 的含量达到 47%时,液相线与该偏晶反应线重合。这就意味着合金的凝固过程由相变(Al)＋$L_2$$\longrightarrow$$L_1$开始,即第二液相和(Al)相同时从母液相中析出。

尽管凝固路径十分相似,上述这些合金的液相分离形态却存在着显著差别。组织观察表明,当 Sn 的含量小于 40%时,Al - 10%Cu - x%Sn 合金的液相分离形式表现为很小的 L_2 液滴弥散分布在 L_1 基底上。图 6 - 6 给出了三元 Al - 10%Cu - 30%Sn 合金的组织形貌作为示例。从图 6 - 6(a)可以看出,大量的发达初生(Al)相枝晶分布于整个凝固组织内部。当液相分离发生后,L_2相小液滴由于重力引发的 Stokes 运动而在熔体内部下沉,并且它们之间还会发生凝并以减小体系的总能量。但是,已经存在于熔体内部的大量(Al)枝晶限制了 L_2 相小液滴的下沉和凝并,它们只能分布于固相的(Al)枝晶之间(见图 6 - 6(b))。最后所形成的三元(Al＋θ＋Sn)偏晶组织也是依附于初生(Al)相生长。在该三元(Al＋θ＋Sn)偏晶组织中,偏晶(Al)相和 θ 相以协同方式生长形成规则的棒状结构,而偏晶(Sn)相则以细小的颗粒方式分布在(Al)相的边缘(见图 6 - 6(c))。

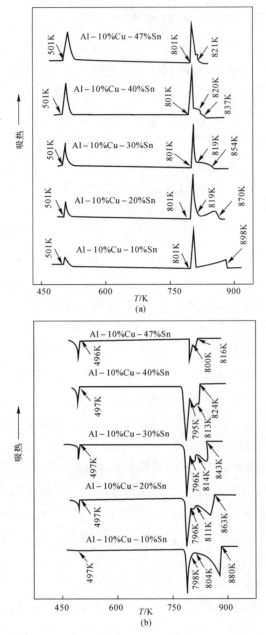

图 6-5　三元 Al-x%Sn-10%Cu(x=20,30,40,47)合金的 DSC 曲线

(a)加热曲线；　(b)冷却曲线

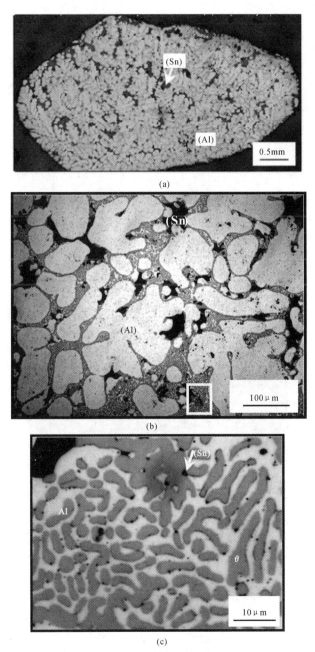

图 6-6 Al-30%Sn-10%Cu 合金的微观形貌

(a)合金 DSC 样品全貌； (b)Al 枝晶与第二液相(Sn)； (c)(b)图中 A 区域的放大形貌

由图6-1中所示的相图可知,始于液相分离之前所析出的初生(Al)相的量会随着Sn含量的增加而逐渐减少,这无疑会引发液相分离形式的变化。图6-7(a)给出了三元Al-10％Cu-45％Sn合金的凝固组织全貌。可以清楚地看出,整个样品内部仅有少量的初生(Al)相从合金样品的表面析出生长。一旦合金熔体温度降低到偏晶反应线$L_1 \longrightarrow (Al)+L_2$时,$L_2$相和(Al)相同时从母液相$L_1$中析出。与Al-10％Cu-30％Sn合金相比,初生(Al)相在整个样品内部所占体积分数的减小,使得L_2相小液滴可以发生运动和凝并的空间大大增加。在这种情况下,L_2相液滴凝并成大块并下降到样品的底部。当Sn的含量进一步升高到47％时,L_2相和(Al)相同时析出,这样L_2相更可以自由地运动和凝并在样品的底部,从而形成具有显著宏观偏析的组织结构(见图6-7(b))。三元Al-10％Cu-x％Sn($x=10\sim47$)合金组织形态的变化表明,始于液相分离发生前所析出的初生(Al)相的体积分数是决定液相分离形式的重要参数。图6-7(b)和(d)分别给出了三元合金中相近的(Al+θ+Sn)偏晶组织形态。其中(Al)相和θ相协同生长形成规则的层片组织,(Sn)相以细小的颗粒状分布于层片组织间。

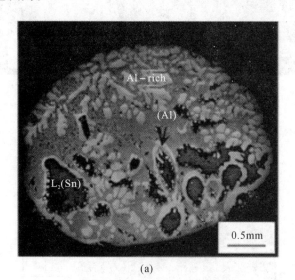

(a)

图6-7 三元Al-10％Cu-x％Sn合金的凝固组织形貌

(a)Al-10％Cu-45％Sn合金DSC样品的全貌;

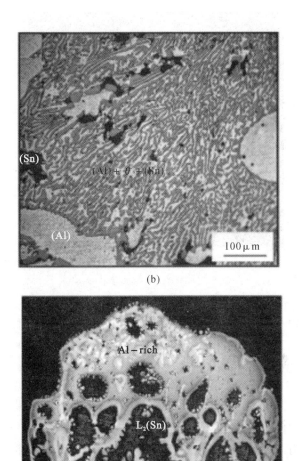

(b)

(c)

续图 6-7 三元 Al-10%Cu-x%Sn 合金的凝固组织形貌

(b)(a)图中富(Al)区域的放大; (c)Al-10%Cu-47%Sn 合金 DSC 样品的全貌;

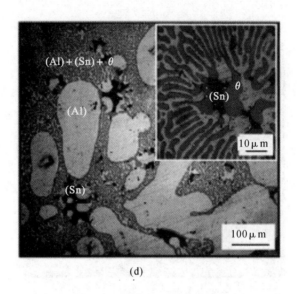

(d)

续图 6-7　三元 Al-10%Cu-x%Sn 合金的凝固组织形貌

(d)(c)图中富(Al)区域的放大,其中插图显示的是三元(Al+θ+Cu)偏晶组织

6.6.3　Al-10%Cu-x%Sn (x=50~60)合金

如图 6-8 所示的是三元 Al-10%Cu-x%Sn (x=50~60)合金的 DSC 加热和冷却曲线。这一系列合金的凝固过程与三元 Al-10%Cu-x%Sn (x=10~47)合金仅有一点不同,即在冷却过程中,前者首先经历液相不互溶区,即首先发生液相分离 L $\longrightarrow$ L$_1$ + L$_2$。从 DSC 曲线上可以看出,三元 Al-10%Cu-x%Sn (x=50~60)合金液相分离在加热曲线上并没有显现出明显的吸热峰,但在冷却曲线上形成了一个很小的放热峰。所以,对于这些合金的液相线温度,所取的是冷却过程中发生液相分离的初始温度。图 6-9 给出了三元 Al-10%Cu-x%Sn (x=50~60)合金的液相分离和凝固组织形貌。对于三元 Al-10%Cu-50%Sn 合金,虽然液相分离温度和初生(Al)相的形核温度间隔只有 14 K,但是仍然有一些较大的(Sn)团块形成并下沉至样品的底部(见图 6-9(a))。与三元 Al-10%Cu-45%Sn 和 Al-10%Cu-47%Sn 合金相比,这些(Sn)块的尺寸会更小一些,但是富 Al 区域内的三元(Al+θ+Sn)

偏晶组织的形态(见图6-9(b))却与其他两种合金十分类似。如果 Sn 的含量继续上升,液相不互溶区温度间隔的进一步增大会导致液相分层结构的形成。如图6-9(c)所示,在三元 Al-10%Cu-55%Sn 合金样品中,密度较小的 L_1 相上浮至顶部,而密度较大的 L_2 相下沉于底部。凝固后的组织中,富 Al 区由大量的(Al)枝晶和三相(Al+θ+Sn)偏晶组织构成。在三相偏晶组织中,Al 相,θ 相和 Sn 相协同生长形成规则结构,如图 6-9(d)所示。在样品底部的富(Sn)区域内,有少量的(Al)相和 θ 相枝晶分布。

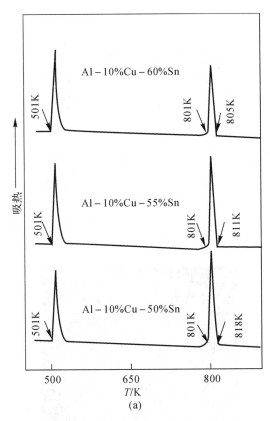

(a)

图 6-8 三元 Al-x%Sn-10%Cu(x=50,55,60)的 DSC 曲线

(a)加热曲线;

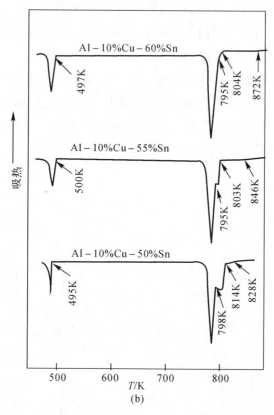

续图 6-8 三元 Al-x%Sn-10%Cu(x=50,55,60)的 DSC 曲线

(b)冷却曲线

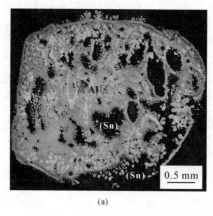

(a)

图 6-9 三元 Al-10%Cu-x%Sn 合金的凝固组织形貌

（a)Al-10%Cu-50%Sn 合金 DSC 样品的全貌；

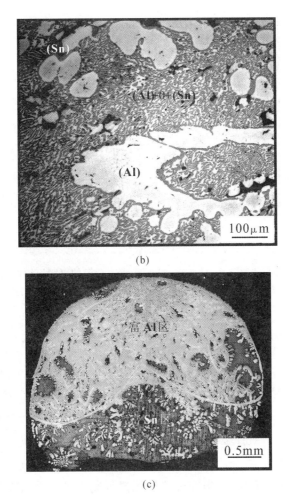

(b)

(c)

续图 6 - 9　三元 Al - 10％Cu - x％Sn 合金的凝固组织形貌

(b)(a)图中富(Al)区域的放大；；　(c)Al - 10％Cu - 55％Sn 合金 DSC 样品的全貌；

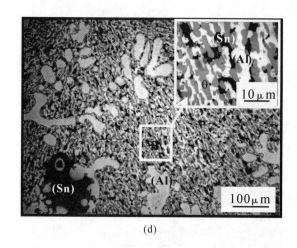

(d)

续图 6-9 三元 Al-10％Cu-x％Sn 合金的凝固组织形貌
(d)(c)图中富(Al)区域的放大,其中插图显示的是三元(Al+θ+Cu)偏晶组织

6.6.4 Al-10％Cu-x％Sn (x=63～70) 合金

如图 6-10 所示的是三元 Al-10％Cu-63％Sn,Al-10％Cu-66％Sn 和 Al-10％Cu-70％Sn合金的 DSC 加热和冷却曲线。当温度分别为 501 K 和 801 K 时,这三种合金均经历了两次相变过程,即(Al)+θ+(Sn)$\longrightarrow$L$_2$ 和 (Al)+θ+L$_2$$\longrightarrow$L$_1$。当合金熔体的温度高于 801K 时,发生偏晶熔化 θ+L$_2$$\longrightarrow$ L$_1$,并且反应终止温度随 Sn 含量的增加而单调升高。随后,这三种合金熔体中包含了不互溶液相 L$_1$ 和 L$_2$。当合金熔体的温度高于不互溶区温度时,合金变成均一的液相。由于两液相的均一化过程只吸收了很少的热量,所以在加热曲线上并没有形成明显的吸热峰。但是,在 DSC 冷却曲线上却形成了明显的放热峰,证实了液相分离的发生。图 6-11 给出了三元 Al-10％Cu-70％Sn 合金的凝固组织形貌。可以看出,L$_1$ 和 L$_2$ 的液相分离形成了明显的分层结构,富 Al 液相 L$_1$ 位于样品的顶部,而富 Sn 液相 L$_2$ 位于样品的底部。随着温度的进一步降低,顶部的 L$_1$ 液相中发生偏晶反应,即 θ 相和(Al)相从 L$_1$ 液相中析出。如图 6-11(b)所示,θ 相以小平面方式生长形成长板条状。随着温度的进

一步降低,L_1 液相内部形成了依附于板条状 θ 相生长的三元(Al+θ+Sn)偏晶组织,表现为粒状的 θ 相和(Sn)相分布于(Al)相基底上。当温度继续降低时,(Al)相和 θ 相从样品底部的 L_2 液相中形核和生长。最后,剩余的 L_2 液相通过三元共晶反应 $L_2 \longrightarrow$ (Al)+(Sn)+θ 而凝固。

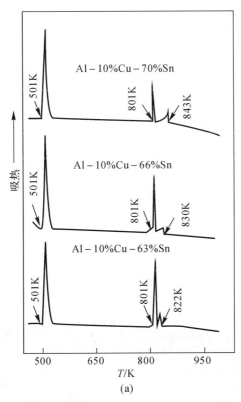

图 6 - 10　三元 Al - x%Sn - 10%Cu(x=63,66,70)的 DSC 曲线

(a)加热曲线;

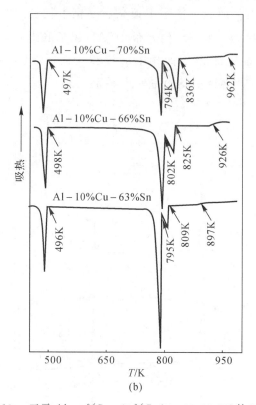

(b)

续图 6-10　三元 Al-x%Sn-10%Cu(x=63,66,70)的 DSC 曲线

(b)冷却曲线

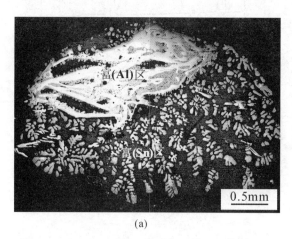

(a)

图 6-11　Al-70%Sn-10%Cu 样品的凝固组织

（a）样品全貌；

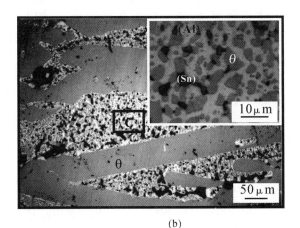

(b)

图 6-11　Al-70%Sn-10%Cu 样品的凝固组织

(b)富 Al 区局部放大图

6.7　本 章 小 结

通过 DSC 方法研究了三元 Al-10%Cu-x%Sn 偏晶合金体系的热力学性质和凝固组织特征,得到如下结论:

(1)系统测定了宽广成分范围内的 Al-10%Cu-x%Sn 合金的相变温度,并建立了其伪二元相图。测定结果表明,该体系合金存在两个四相反应,四相共晶反应线对应温度恒为 501 K,而四相偏晶反应线对应温度恒为 801 K。

(2)全面测定了 Al-10%Cu-x%Sn 合金的熔化焓随 Sn 含量的变化关系。

(3)研究了 DSC 实验中冷却速率对液态合金过冷能力的影响。结果表明,过冷度随冷却速率的变化规律与凝固过程中的起始反应紧密相关。当(Al)相作为初生固相从合金熔体中析出时,增加冷却速度可以明显提高过冷度;而当液相分离首先发生时,增加冷却速度对液相分离发生温度无明显影响。

(4)凝固组织形态观察表明,如果初生(Al)相先于液相分离发生,并且初生(Al)相所占的体积分数较大时,液相分离形态表现为细小的 L$_2$ 相液滴分布于 L$_1$ 基底之上。随着合金体系中 Sn 含量的增加,初生(Al)相所占的体积分数越来越小,此时液相分离特征表现为较大的团状液相 L$_2$ 被 L$_1$ 液相包裹。另一方面,如果液相分离先于初生(Al)相的形核时,随着合金中 Sn 含量的增加,易

于形成 L_1 相上浮于样品顶部，L_2 相下沉于底部的分层结构。这些结果证明液相分离形式不仅取决于冷却过程中液相分离与初生固相形核的先后顺序，也取决于液相分离与初生固相形核的温度间隔。

参 考 文 献

[1] Ratke L，Diefenbach S. Liquid immiscible alloys [J]. Materials Science and Engineering：R：Reports. 1995，15：263 - 347.

[2] Silva A P，Spinelli J E，Mangelinck - Noml N，et al. Microstructural development during transient directional solidification of hypermonotectic Al - Bi alloys [J]. Materials & Design，2010，31(10)：4584 - 4591.

[3] Schaffer P L，Mathiesen R H，Arnberg L，et al. In situ investigation of spinodal decomposition in hypermonotectic Al - Bi and Al - Bi - Zn alloys [J]. New Journal of Physics，2008，10(5)：053001.

[4] Kotadia H R，Doernberg E，Patel J B，et al. Solidification of Al - Sn - Cu based immiscible Alloys under intense shearing，Metall [J]. Metallurgical and Materials Transactions A，2009，40(9)：2202 - 2211.

[5] Kaban I G，Hoyer W. Characteristics of liquid−liquid immiscibility in Al - Bi - Cu，Al - Bi - Si，and Al - Bi - Sn monotectic alloys：Differential scanning calorimetry，interfacial tension，and density difference measurements [J]. Physical Review B，2008，77：125426.

[6] Zhai W，Wang N，B. Wei. Direct observation of phase separation in binary monotectic solution [J]. Acta Physica Sinica，2007，56：2353 - 2358.

[7] Mattern N，Löser W，Eckert J. Influence of cooling rate on crystallization and microstructure of the monotectic $Ni_{54} Nb_{23} Y_{23}$ alloy [J]. Philosophical Magazine Letters，2007，87(11)：839 - 846.

[8] Sun Z B，Guo J，Song X P，et al. Effects of Zr addition on the liquid phase separation and the microstructures of Cu - Cr ribbons with 18 - 22 at.％ Cr [J]. Journal of Alloys and Compounds，2008，455 (1)：243 - 248.

［9］ Fang X，Fan Z. Rheo-diecasting of Al – Si – Pb immiscible alloys ［J］. Scripta materialia，2006，54(5)：789 – 793.

［10］ He J，Zhao J Z，Ratke L. Solidification microstructure and dynamics of metastable phase transformation in undercooled liquid Cu – Fe alloys ［J］. Acta materialia，2006，54(7)：1749 – 1757.

［11］ Li H L，Zhao J Z，Zhang Q X，et al. Microstructure formation in a directionally solidified immiscible alloy ［J］. Metallurgical and Materials Transactions A，2008，39：3308 – 3316.

［12］ Wang F，Choudhury A，Strassacker C，et al. Spinodal decomposition and droplets entrapment in monotectic solidification ［J］. The Journal of chemical physics，2012，137(3)：034702.

［13］ Ratke L. Theoretical considerations and experiments on microstructural stability regimes in monotectic alloys ［J］. Materials Science and Engineering：A，2005，413：504 – 508.

［14］ Li H L，Zhao J Z. Directional solidification of an Al – Pb alloy in a static magnetic field ［J］. Computational Materials Science，2009，46 (4)：1069 – 1075.

［15］ Mirkovic D，GrŌBner J，Schmid – Fetzer R. Liquid demixing and microstructure formation in ternary Al – Sn – Cu alloys ［J］. Materials Science and Engineering：A，2008，487(1)：456 – 467.

［16］ Doernberg E，Kozlov A，Schmid – Fetzer R. Experimental investigation and thermodynamic calculation of Mg – Al – Sn phase equilibria and solidification microstructures ［J］. Journal of Phase Equilibria and Diffusion，2007，28(6)：523 – 535.

［17］ Curiotto S，Battezzati L，Johnson E，et al. Thermodynamics and mechanism of demixing in undercooled Cu – Co – Ni alloys ［J］. Acta Materialia，2007，55(19)：6642 – 6650.

［18］ Liu N，Liu F，Yang W，et al. Movement of minor phase in undercooled immiscible Fe – Co – Cu alloys ［J］. Journal of Alloys and Compounds，2013，551：323 – 326.

［19］ Wang W L，Li Z Q，Wei B. Macrosegregation pattern and microstructure feature of ternary Fe – Sn – Si immiscible alloy solidified

under free fall condition [J]. Acta Materialia, 2011, 59 (14):
5482 – 5493.

[20] Min S, Park J, Lee J. Surface tension of the 60%Bi – 24%Cu – 16%Sn alloy and the critical temperature of the immiscible liquid phase separation [J]. Materials Letters, 2008, 62(29):4464 – 4466.

[21] Kotadia H R, Das A, Doernberg E, et al. A comparative study of ternary Al – Sn – Cu immiscible alloys prepared by conventional casting and casting under high－intensity ultrasonic irradiation [J]. Materials Chemistry and Physics, 2011, 131(1):241 – 249.

[22] Mirkovic D, GröBner J, Schmid – Fetzer R. Solidification paths of multicomponent monotectic aluminum alloys [J]. Acta Materialia, 2008, 56(18):5214 – 5222.

第7章 超声场中三元 Al‐Sn‐Cu 偏晶合金的液相分离和组织形成机理

7.1 引　言

Al 元素与重金属元素如 Pb,Sn 和 Bi 极易形成偏晶合金。凝固时,该类合金首先发生液相分离,形成两个不互溶液相 L_1 和 L_2,然后发生偏晶反应 $L_1 \longrightarrow L_2 + S$。在最终的凝固组织中,如果较软的第二相能够均匀弥散分布在较硬的 Al,Al‐Si,Al‐Cu 等基体中,该类合金将成为汽车工业中优异的轴承耐磨材料[1]。然而,在常规条件下,由于 L_1 和 L_2 存在较大的密度差异,很难制备出上述弥散分布的复合材料[2]。因此,急需探寻抑制由于液相分离引发的宏观偏析并形成均匀弥散偏晶组织的有效方法。目前,这方面的研究大致有以下两种。一种是细致选择合金成分去控制宏观偏析的产生[3-5]。例如,Ma 等人[3]用实验的方式研究了常规条件下 Cu‐Sn‐Bi 偏晶合金不同成分比例时的宏观形态。研究发现,合金的微观组织由以富 Bi 相为核心、以富 CuSn 相为壳的核壳结构向细小的富 CuSn 相弥散分布在富 Bi 相基体中的均匀组织转变。另外,在二元偏晶合金中加入第三种合适的元素,是调节和优化该类合金液相分离机制的很具有前景的方法[4,5]。另一种是通过改变凝固条件来改变组织形态[6-7]。据报道[8],目前已经形成一种通过调节 Al‐65％Bi 液态偏晶合金的冷却速率以引发不同的液相分离形式来优化该合金性能的方法。

在合金凝固过程中施加超声场已经被证实是一种改善凝固微观组织和提高合金力学性能的有效方法[9]。超声波引发的空化和声流等一系列非线性效应对晶胚的形成和长大过程有很大影响。目前大多数的研究报道多集中在以枝晶方式凝固的单向合金。研究发现,在超声场中,粗大的 Al 和 Mg 枝晶会向等轴晶或球状晶转变[10-16]。但是,关于超声场对于液相分离和偏晶凝固的作用效果方面的研究相对偏少。可以预测,超声场能够显著影响偏晶合金的液相分离过程,从而使偏晶合金形成新颖的微观组织。

本章分别选取了三元 $Al_{62.6}Sn_{28.5}Cu_{8.9}$ 和 $Al_{81.3}Sn_{12.3}Cu_{6.4}$ 两种偏晶合金为对象,研究了超声作用下三元 Al-Sn-Cu 合金的液相分离和偏晶凝固过程,并探讨了超声凝固对于偏晶合金力学性能的提高作用。

7.2　实　验　方　法

实验在带有超声换能器的凝固装置中进行。三元 $Al_{62.6}Sn_{28.5}Cu_{8.9}$ 和 $Al_{81.3}Sn_{12.3}Cu_{6.4}$ 偏晶合金试样尺寸为 $\Phi 25\ mm \times 20\ mm$,在电阻炉中加热熔化。超声换能器由共振频率为 20 kHz 的 $KNbO_3$ 压电传感器和端部直径为 $\Phi 20\ mm$ 的变幅杆两个部分组成。当合金温度下降到液相线温度以上约 100 K 时,开启超声换能器,对合金熔体施加纵波直至试样完全凝固。实验结束后将合金试样纵向切开并抛光。利用 X 射线(XRD)、扫描电镜(SEM)、能谱仪(EDS)对凝固组织的相组成、生长形貌和溶质分布进行分析测试。

采用型号为 HMV-Shimadzu 显微硬度测试仪对凝固合金试样的显微硬度进行测试。每个试样在纵向方向从上到下依次选取 20 个点。每个采样点施加载荷为 9.81 N,施加时间为 30 s。同时,采用型号为 HT-1000 的磨耗试验机对试样的耐磨性能进行测试。对磨材料为 SiC,对磨时间设为 20 min,施加载荷为 170 g,实验温度为 293 K。此外,利用 CSS44100 万能电子试验机对凝固试样进行静态压缩测试。实验前,从试样中心切取尺寸为 $\Phi 4.0\ mm \times 4.0\ mm$ 的实验样品。电子试验机的加载速度设为 0.3 mm/min,方向向下。为了确保测试结果的准确性,进行了空载测试,以矫正万能试验机的刚度基线。

7.3　三元 $Al_{62.6}Sn_{28.5}Cu_{8.9}$ 偏晶合金的动态凝固机制

7.3.1　合金相组成

图 7-1(a)为三元 $Al_{62.6}Sn_{28.5}Cu_{8.9}$ 偏晶合金在扫描速率为 5 K/min 下的 DSC 加热和冷却曲线。在凝固过程中,当温度下降到 873 K 时,母液相 L 分解成两个互不相溶的 L_1(富 Al)和 L_2(富 Sn)液相。当温度下降到 803 K 时,出现一个小的放热峰,表明有少量的初生(Al)相和 L_2 液相从 L_1 母液相中析出。796K 时的放热峰对应于 L_1 液相中发生的四相偏晶反应:$L_1 \longrightarrow L_2 + (Al) + \theta(Al_2Cu)$。最后,当温度进一步降低到 500 K 时,$L_2$ 液相发生三元共晶反应:$L_2 \longrightarrow (Al) + (Sn) + \theta(Al_2Cu)$。采用 XRD 方法分析了不同超声功率下的凝固组织相组成,结果如图 7-1(b)所示。无论是在静态还是超声作用条件下,三元 $Al_{62.6}Sn_{28.5}Cu_{8.9}$ 偏晶合金均由(Al)相,(Sn)相及金属间化合物 $\theta(Al_2Cu)$ 相组成,超声场并没有改变三元 $Al_{62.6}Sn_{28.5}Cu_{8.9}$ 偏晶合金的相组成。

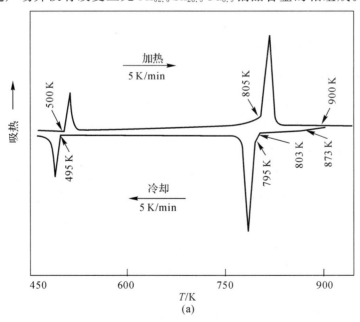

图 7-1　三元 $Al_{62.6}Sn_{28.5}Cu_{8.9}$ 偏晶合金的热分析及相组成

(a)DSC 曲线;

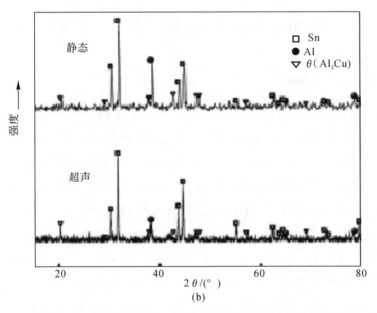

续图 7 - 1　三元 $Al_{62.6}Sn_{28.5}Cu_{8.9}$ 偏晶合金的热分析及相组成

(b)XRD 图谱

7.3.2　组织形态演变特征

　　如图 7 - 2 所示是不同条件下三元 $Al_{62.6}Sn_{28.5}Cu_{8.9}$ 偏晶合金的凝固组织形貌演变。在静态条件下,如图 7 - 2(a)～(c)所示,合金试样由上到下形成两个明显不同的区域,即试样上部黑色的富 Al 区和下部白色的富 Sn 区,两者在高度上所占比例分别为 52% 和 48%。可以肯定,液相分离过程中 L_2 相液滴由于重力引发的 Stokes 运动以及不同大小液滴之间的聚集合并是形成这种宏观偏析组织的主要原因。在施加超声场后,三元 $Al_{62.6}Sn_{28.5}Cu_{8.9}$ 偏晶合金宏观偏析程度明显减弱。如图 7 - 2(d)～(f)所示是在 396W 最高功率的超声作用下的微观组织形态。在试样顶端,有大量的球状偏晶胞分布在富 Sn 相的基体中。如图 7 - 2(f)所示,随着超声波的向下传播,试样内部出现一条明显的界限,界限以下为富 Sn 区域。凝固组织观测表明,这条界限始终存在。定义宏观偏析度 S_H 为

$$S_H = H_s / H_t \qquad (7 - 1)$$

上式中 H_s 为富 Sn 区域的高度，H_t 为合金试样的总高度。图 7-3(a)是宏观偏析度与超声功率之间的变化关系曲线。可以看出，随着超声功率的增大，偏析程度逐渐变小。当超声功率达到最大值时，偏析度下降到约为 10%。

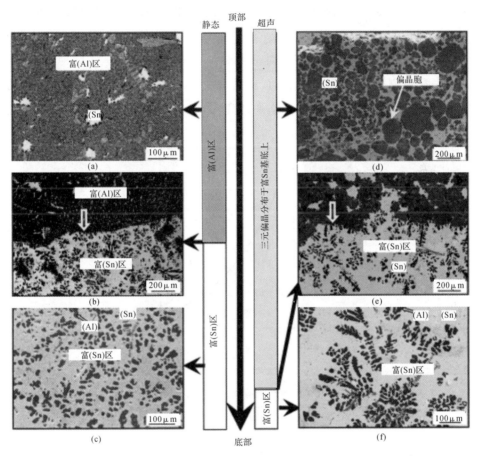

图 7-2　三元 Al$_{62.6}$Sn$_{28.5}$Cu$_{8.9}$ 偏晶合金不同区域的微观组织形貌

(a)～(c)静态凝固；　(b)～(d)超声凝固

此外，用 EDS 方法测定了静态凝固和超声功率为 396 W 条件下 Cu 元素和 Sn 元素在合金试样垂直方向上的溶质分布。在溶质分布测量过程中，每个试样从顶端到底端被等分为六份，每一份区域大小为 25 mm×2.5 mm，测量结果如图 7-3(b)和(c)所示。虽然没有获得均匀弥散分布的组织，但是和静态条件下相比，Cu 元素和 Sn 元素的偏析程度都明显降低。上述结果表明，超声波只能在超声变幅杆端面的有限区域内抑制偏晶合金液相分离引起的宏观偏析。从中可以推测,声流在抑制宏观偏析上起次要作用,而空化效应可能是影响液相分离最主要的因素。已有报道称,靠近超声波发射端端面下方区域空化效应最为明显,随着远离端面,空化效应引起的气穴数量以指数函数快速下降[17]。在空化效应显著的区域,它产生的冲击波抑制了第二液相 L_2 的 Stokes 运动。在其他区域,超声波对液相分离没有明显影响。在这种情况下,重力再一次控制第二液相 L_2 的运动,从而引发 Sn 相的严重偏析。随着超声功率的变大,空化效应作用区域也将随之变大,试样底部的富 Sn 相区域相应变小。

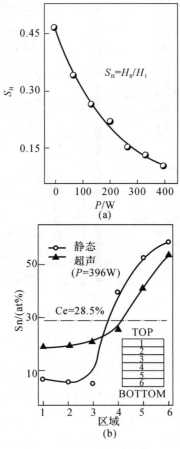

图 7-3 三元 $Al_{62.6}Sn_{28.5}Cu_{8.9}$ 偏晶合金的宏观偏析

(a)偏析度和超声功率的关系;

(b)在静态和超声功率为 $P=396$ W 条件下(Sn)和(Cu)元素的溶质分布;

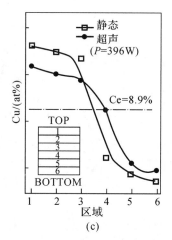

续图 7 - 3　三元 $Al_{62.6}Sn_{28.5}Cu_{8.9}$ 偏晶合金的宏观偏析
(c)在静态和超声功率为 $P=396$ W 条件下 Cu 元素的溶质分布

图 7-4 是三元 (Al+θ+Cu) 偏晶组织形貌。在静态条件下,(Al),Sn,θ(Al$_2$Cu) 三相沿一定方向协同生长,形成规则组织。如图 7-4(a) 和 (b) 所示,(Al) 和 θ 相之间的平均间隔为 1.7 μm。当加入超声场后,在 (Sn) 基体中形成大量球状偏晶胞组织。图 7-4(c) 所示的是超声功率为 396 W 下的偏晶胞组织形态。图 7-4(d) 所示的是一个典型偏晶胞的内部生长形态。从图中可以清晰地看到由内向外生长的层状 (Al+θ) 层片组织,其中还分布着细小的 (Sn) 晶粒。(Al) 相和 θ 相之间的层片间距为 3.2 μm,大约是静态条件下的两倍。这表明超声场对三元 (Al+θ+Cu) 偏晶组织具有显著的粗化作用。实际上,这种球形偏晶胞的形成应该归于超声波的空化效应。由于空化效应能够提高合金熔体的局域过冷度,所以空化气泡是潜在的形核点[18]。一旦形核在此处发生,通常以晶核为中心形成环流[19],这有利于温度场、浓度场和流动场的径向对称分布,最终形成球状偏晶胞。如图 7-4(d) 所示是偏晶胞的平均直径随超声功率的变化曲线。由图可知,随着超声功率的增大,偏晶胞的平均直径逐渐减小。两者之间的函数表达式可以表示为

$$D=142.55\exp(-P/13.9)+78.7 \qquad (7-2)$$

这种现象可以由超声功率的变大使得空化气泡数目增多这一事实解释。所以,超声功率越大,三元偏晶胞的形核率越高,晶粒尺寸越小。

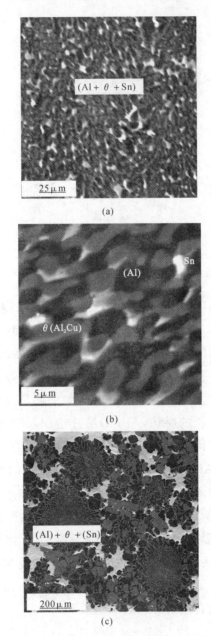

图 7 - 4 三元(Al+θ+Sn)偏晶组织形貌

(a)静态凝固条件下组织形貌; (b)(a)图的放大;

(c)超声场下(P=396 W)形成的球状偏晶组织;

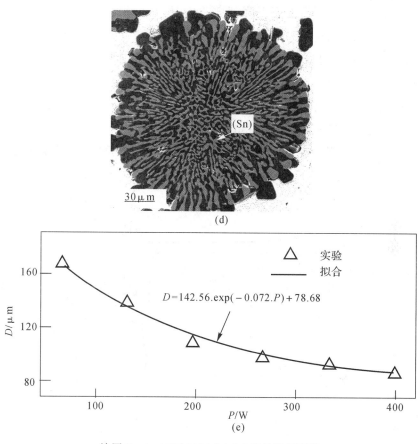

续图 7-4　三元(Al+θ+Sn)偏晶组织形貌

(d)典型偏晶胞组织的放大；　(e)不同超声功率作用下的偏晶胞平均尺寸

7.4　超声场中三元 $Al_{81.3}Sn_{12.3}Cu_{6.4}$ 偏晶合金的相变规律

7.4.1　热分析和相组成

如图 7-5(a)所示是三元 $Al_{81.3}Sn_{12.3}Cu_{6.4}$ 合金在扫描速率为 5 K/min 下的 DSC 加热和冷却曲线。从图中可以看到，熔化和冷却过程中分别对应着四个吸热峰和四个放热峰，且该合金的液相线温度为 840 K。根据 DSC 冷却曲线和三元 Al-Sn-Cu 合金相图可以分析出 $Al_{81.3}Sn_{12.3}Cu_{6.4}$ 合金的凝固路径[20]。在凝固过程中,当温度下降到 832 K 时,初生相(Al)首先从合金熔体中析出,同时伴有明显的放热现象。当温度下降到 812 K 时,冷却曲线上出现一个小的放热峰,此峰对应着第二液相 L_2(富 Sn)从母液相 L_1(富 Al)中分离,即 $L_1 \longrightarrow L_2 + (Al)$。此后,温度进一步降低直至在 796 K 时出现明显的放热峰,此峰对应 L_1 液相中发生的四相偏晶反应 $L_1 \longrightarrow L_2 + (Al) + \theta(Al_2Cu)$。最后,$L_2$ 液相在温度为 495 K 时发生四相共晶反应 $L_2 \longrightarrow (Sn) + (Al) + \theta(Al_2Cu)$。因此,该合金在平衡条件下,最终的凝固组织由(Al),(Sn)和 $\theta(Al_2Cu)$ 三相组成。

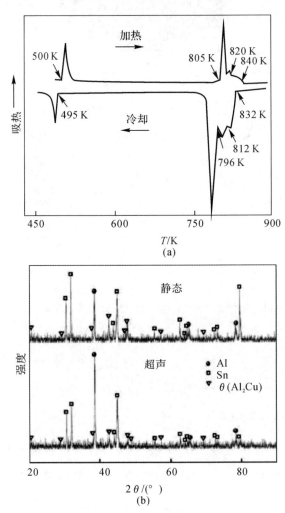

图 7-5 三元 $Al_{81.3}Sn_{12.3}Cu_{6.4}$ 偏晶合金的热分析及相组成

(a)DSC 曲线; (b)XRD 图谱

为了研究超声场对三元 $Al_{81.3}Sn_{12.3}Cu_{6.4}$ 合金相组成的影响,使用 XRD 对不同超声功率作用下的合金凝固试样进行了相组成分析 。如图 7-5(b)所示是静态凝固和超声作用下三元 $Al_{81.3}Sn_{12.3}Cu_{6.4}$ 合金试样的 XRD 图谱。从图中可以看出,两种条件下的凝固组织均由 (Al),(Sn)和 $\theta(Al_2Cu)$ 三相组成。这表明功率超声波并没有改变三元 $Al_{81.3}Sn_{12.3}Cu_{6.4}$ 偏晶合金的相组成。

7.4.2　微观组织形态演变

如图 7-6 和图 7-7 所示的是三元 $Al_{81.3}Sn_{12.3}Cu_{6.4}$ 偏晶合金在不同功率超声作用下的凝固组织形态。在静态条件下,如图 7-6(a)和(b)所示,凝固组织由初生(Al)相,第二相(Sn)和(Al+θ+Sn)偏晶组织组成。初生相(Al)在整个试样中都是以粗大树枝晶形式生长;第二液相(Sn)从母液相分离出后围绕初生相(Al)枝晶聚集成块状。越靠近试样底部,块状(Sn)相的尺寸越大。而三元(Al+θ+Sn)偏晶组织在(Al)枝晶间隙内生长。如图 7-6(a)所示的插图是三元(Al+θ+Sn)偏晶组织的放大图,从图中可以看到(Al),θ 和(Sn)三相协同生长的组织形态。

在施加超声场后,150 W 和 250 W 功率超声作用下的三元 $Al_{81.3}Sn_{12.3}Cu_{6.4}$ 偏晶合金的微观组织形态类似。如图 7-6(c)和(d)所示是超声功率为 250W 时的凝固组织形态。很明显,初生(Al)相得到了有效细化,形成细小的等轴晶,在这些等轴晶间弥散分布有短小的(Sn)相。同时,三元(Al+θ+Sn)偏晶组织也依附于初生相(Al)枝晶生长,而且其组织形态类似于静态条件下的偏晶组织形态。当超声功率上升到 500 W 时,如图 7-7(a)所示,在试样上部 25% 区域内可以观察到球状三元(Al+θ+Sn)偏晶胞。图 7-7(a)中的插图是一个偏晶胞的放大组织,从中明显看到,(Al+θ)层状组织以耦合方式从中心向外生长,层片周围又分布有均匀细小的(Sn)相颗粒。然而,当超声波随着距离逐渐减弱时,这种球状偏晶胞也逐渐消失。如图 7-7(b)所示,在试样的中部,弥散的(Sn)相均匀分布在球状(Al)相基之间。随着超声波传播距离的增加,能量进一步衰减,在试样底部形成粗大的(Al)相枝晶,如图 7-7(c)所示。

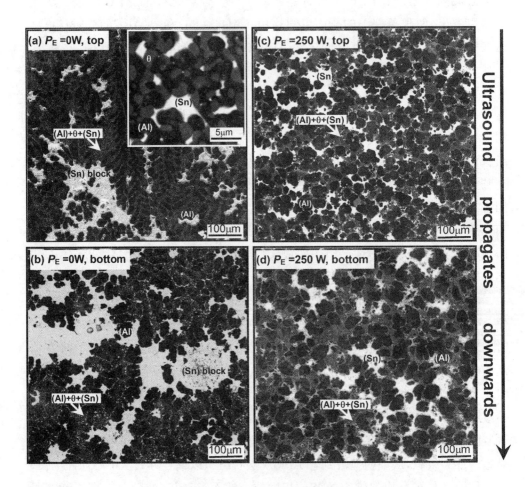

图 7-6　三元 $Al_{81.3}Sn_{12.3}Cu_{6.4}$ 偏晶合金微观组织形貌

(a)静态凝固条件下试样顶部；　(b)静态凝固条件下试样底部；

(c)超声功率 $P=250$ W 下试样顶部；　(d)超声功率 $P=250$ W 下试样底部

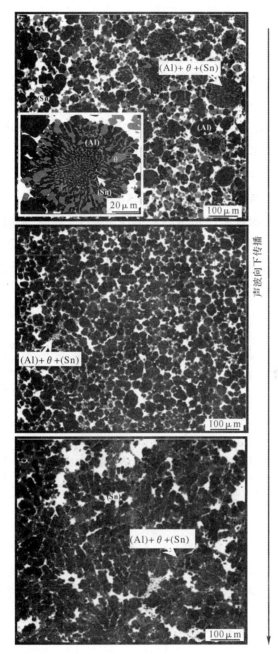

图 7-7　超声功率 $P_E = 500$ W 作用下三元 $Al_{81.3}Sn_{12.3}Cu_{6.4}$ 合金的凝固组织形貌

(a)试样底部；　(b)试样中部；　(d)试样底部

如图 7-8 所示的是不同超声功率下凝固试样不同位置处的初生（Al）相和第二液相(Sn)的平均尺寸。如图 7-8(a)所示,在静态条件下,试样的上、中、下各个部分的初生(Al)相枝晶主干的平均长度均约为 450 μm。当超声功率增加到 150 W 时,合金试样中初生(Al)相的枝晶主干长度下降到 66～153 μm。当超声功率进一步增加到 $P=250$ W 时,初生相(Al)的平均尺寸下降到 23～42 μm,与静态凝固条件相比,下降了一个数量级。当超声功率增大到 500 W 时,在试样的顶端和中部初生（Al）相的平均尺寸仅为 18 μm。但在试样的底部,(Al)枝晶却十分粗大,平均长度为 308 μm。如图 7-8(b)所示,在静态凝固条件下,从试样顶部到底部第二液相(Sn)尺寸范围为 29～88 μm。施加超声场后,(Sn)相尺寸随着超声功率的增加逐渐减小。当功率增加到最大值 500 W 时,(Sn)相尺寸下降到 12～25μm。值得一提的是,不管是初生(Al)相还是(Sn)相,从试样顶部到底部,它们的尺寸逐渐变大,这主要是因为超声波能量随着传播距离的增加而逐渐耗散。

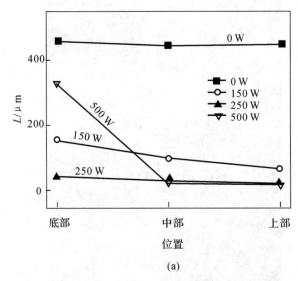

(a)

图 7-8　不同超声功率下初生相(Al)和第二相(Sn)的尺寸与试样位置的关系

(a)初生(Al)相;

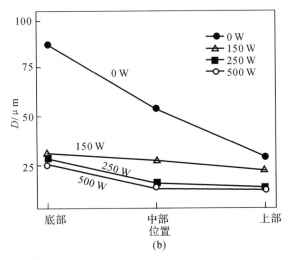

续图 7-8　不同超声功率下初生相(Al)和第二相(Sn)的尺寸与试样位置的关系

(b)第二相(Sn)液滴

7.4.3　超声场中三元偏晶合金的液相分离和凝固机制

从上述的微观组织形貌演变规律中,可以总结出超声功率主要从以下三个方面影响合金的液相分离和凝固过程。

第一,超声场有效细化了初生(Al)相,使其从粗大的枝晶向等轴晶或球状晶转化。这些(Al)相等轴晶的形成主要是因为超声波大大提高了初生(Al)相的形核率。当超声波在合金熔体中传播时,会产生空穴和气泡,这些气泡能够从周围合金熔体中吸收气体而体积急剧增大。当声压超过某一临界阈值时,气泡能够发生破灭和崩塌,瞬时可产生高达 5 GPa[21] 的压力。这种瞬时高压能够通过提高合金的局部熔点而影响形核过程。液相线温度 T_P 随压强 P_L 的变化关系可以用 Clausius-Clapeyron 方程表示:

$$T_P = T_m + \frac{T_L \Delta V}{\Delta H_m}(P_L - P_0) \tag{7-3}$$

式中,T_L 是一个大气压 P_0 下的液相线温度,ΔV 和 ΔH_m 分别是合金由液相转化为固相时的体积变化和熔变。对于三元 $Al_{81.3}Sn_{12.3}Cu_{6.4}$ 合金,$T_L = 840$ K,$\Delta V = 5.9 \times 10^{-7}$ m$^3 \cdot$ mol^{-1},$\Delta H_m = 10\ 383$ J $\cdot$ mol^{-1}。假设空化效应引起的高压可高达 1~5 GPa,则合金局部的液相线温度可提高 49~243 K,那么空化点

处熔体的局域过冷水平和形核率都将得到大幅度提高。此外,随着超声波的传播,晶胚和杂质颗粒之间的润湿角将变小,因此各类固体颗粒和合金熔体之间的润湿程度将显著提高[18]。这也将为初生(Al)相提供大量的异质晶核。这些异质晶核随着声流均匀分布在整个试样内部[22],在相对均一的温度场和溶质场中长大,从而形成细小的等轴晶。

第二,超声波可以有效抑制第二液相(Sn)的宏观偏析,使其均匀分布在母液相中。在静态条件下,第二液相的迁移主要是重力引起的纵向 Stokes 运动 V_s 而引发的。而温度梯度引起的横向 Marangoni 迁移 V_{Ma} 是另一原因。它们的数学表达式分别为[23,24]

$$V_s = \frac{2(\rho_2 - \rho_1)(U_1 + U_2)g}{3U_1(2U_1 + 3U_2)} \cdot r^2 \qquad (7-4)$$

$$V_{Ma} = \frac{-2K_1 r}{(2K_1 + K_2)(2U_1 + 3U_2)} \cdot \frac{\partial \sigma_{L_1 L_2}}{\partial T} \cdot \frac{\partial T}{\partial x} \qquad (7-5)$$

上两式中,ρ_1 和 ρ_2 分别是母液相和第二液相的密度,U_1 和 U_2 分别是母液相和第二液相的黏度,K_1 和 K_2 分别是母液相和第二液相的热传导系数,r 是第二液相液滴的半径,g 是重力加速度,$\partial \sigma_{L_1 L_2}/\partial T$ 是界面能量梯度,$\partial T/\partial x$ 是温度梯度。在静态凝固条件下,Stokes 运动是造成宏观偏析和分层结构的主要驱动力,而 Marangoni 迁移在微重力条件下起着非常关键的作用[22]。

在静态条件下,初生(Al)相首先从合金熔体中析出,然后发生液相分离。一方面,因为初生相(Al)占据一定的空间,它的存在抑制了第二相(Sn)的粗化。另一方面,(Al)相的析出提高了合金熔体的黏度,间接降低了第二相液滴的 Stokes 运动速度。因此,三元 $Al_{81.3}Sn_{12.3}Cu_{6.4}$ 合金没有出现严重的分层组织,取而代之的是第二相(Sn)块包裹初生(Al)相的生长方式,且越靠近试样底部,(Sn)块尺寸越大。

在超声场条件下,声辐射力同样影响第二液相(Sn)从富 Al 母液相中分离,它可以部分抵消或平衡重力,从而抑制 Stokes 运动甚至使第二相(Sn)静止于母液相中。同时,超声声流的搅拌作用能够降低坩埚壁到试样中心的温度梯度。即在超声作用下,纵向上的 Stokes 运动和横向上的 Marangoni 迁移都得到了抑制,这就限制了第二相(Sn)的聚集粗化。必须指出的是,在合金试样的上部,空化效应有效细化了第二液相(Sn)的尺寸。这是因为这部分区域靠近超声波声源,大量的气穴通过激波破坏正在形成或已经粗化的(Sn)相[22]。事实上,我们在油水相分离系统中已经观察到在靠近超声端面位置处,较大油滴破碎成小液滴的现象。对于 Al 基偏晶体系,在超声波能量大的区域内空化效应同样能够破碎第二相(Sn)晶粒,使其细化。这也解释了为什么试样上部的(Sn)相尺寸要小于试样底部的(Sn)相尺寸。

第三,如果空化强度足够高,超声场会促使三元(Al＋θ＋Sn)球状偏晶胞的形成。如图 7‐7(a)所示,在最高功率 500 W 下,合金试样靠近声源的上部区域内形成三元(Al＋θ＋Sn)球状偏晶胞。该类组织在其他成分的Al‐Cu‐Sn 偏晶合金[25]和 Pb‐Sn 共晶体系[18]中也有发现。空化效应是这种组织形成的主要原因。空化效应引发的形核点常常是熔液中环流的中心点[26],这促进了温度场、浓度场和流场的三维球状对称分布,从而导致三元(Al＋θ＋Sn)球状偏晶胞的形成。

7.4.4　力学性能的改变

对三元 $Al_{81.3}Sn_{12.3}Cu_{6.4}$ 合金试样的显微硬度 H 进行了测试,结果如图 7‐9(a)所示。在静态条件下,平均显微硬度为 800 HV,标准差是 11.8%。随着超声功率的增大,显微硬度也随之增大,当超声功率达到 250 W 时,显微硬度达到最高值 1 060 HV,相对静态凝固条件下增加 32.5%,而此时标准差仅为 7.0%。但当超声功率增大到 500 W 时,显微硬度值略微降低至 1 027 HV,标准差也增大到13.4%。

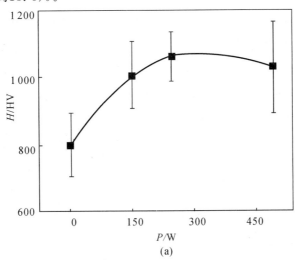

图 7‐9　不同超声功率下三元 $Al_{81.3}Sn_{12.3}Cu_{6.4}$ 偏晶合金显微硬度和磨损量

(a)显微硬度;

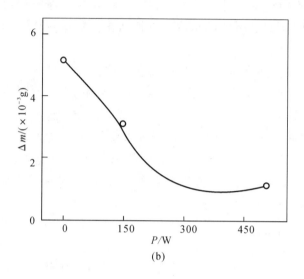

(b)

续图 7-9　不同超声功率下三元 $Al_{81.3}Sn_{12.3}Cu_{6.4}$ 偏晶合金显微硬度和磨损量

(b)磨损量

三元 $Al_{81.3}Sn_{12.3}Cu_{6.4}$ 偏晶合金的耐磨性能主要用磨损量 Δm 来表征。在静态凝固条件下,磨损量大约为 $5.2 \times 10^{-3} g$。在凝固过程中施加超声场可以降低该合金的磨损量,即提高合金的耐磨性能。如图 7-9(b)所示,当超声功率达到 250 W 时,磨损量降到最低值 $6.7 \times 10^{-4} g$,仅为静态凝固条件下的 12.8%。毫无疑问,在超声场作用下,三元 $Al_{81.3}Sn_{12.3}Cu_{6.4}$ 偏晶合金凝固组织中初生(Al)相的细化和第二相液滴(Sn)的均匀弥散分布是导致该合金耐磨性能提高的主要原因。

图 7-10(a)所示是不同超声功率下三元 $Al_{81.3}Sn_{12.3}Cu_{6.4}$ 偏晶合金的应力应变曲线,其中 σ 为应力,ε 为应变。随着施加压力的增大,所有试样到达某一屈服点,然后呈现出软化趋势。在静态条件下,抗压强度 σ_c 为 204 MPa,如图 7-10(b)所示,抗压强度随着超声功率线性增大。当功率为 500 W 时抗压强度达到 243 MPa,是静态条件下的 1.2 倍。同时,在静态凝固条件下该合金的屈服强度 σ_y 为 128 MPa,同样,它也随超声功率线性增大。当施加的超声功率达到 500 W 时,屈服强度为 180 MPa,是静态凝固条件下的 1.4 倍。

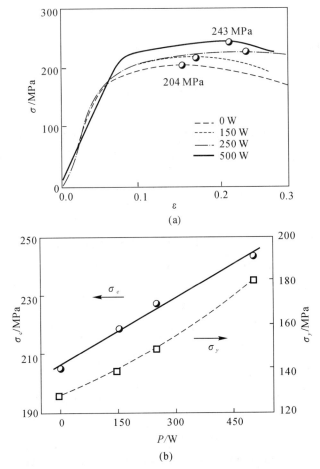

图 7‐10　超声场凝固条件下三元 $Al_{81.3}Sn_{12.3}Cu_{6.4}$ 偏晶合金的压缩性能

(a)压缩应力‐应变曲线与超声功率之间的关系；　(b)不同超声功率下抗压强度和屈服强度

7.5　本 章 小 结

本章采用频率为 20 kHz 的高强超声实现了三元 $Al_{62.6}Sn_{28.5}Cu_{8.9}$ 和 $Al_{81.3}Sn_{12.3}Cu_{6.4}$ 偏晶合金的动态凝固过程，主要得到以下结论：

(1)超声场显著抑制了三元 $Al_{62.6}Sn_{28.5}Cu_{8.9}$ 偏晶合金的宏观偏析。与此同时，试样内部形成大量的球状三元（$Al+Sn+\theta(Al_2Cu)$）偏晶胞。该类偏晶胞在中心位置发生形核，(Al),(Sn)和 θ 三相协同生长，从而形成径向层状结构。

(2)对于三元 $Al_{81.3}Sn_{12.3}Cu_{6.4}$ 偏晶合金，随着超声波功率的增大，初生（Al）相逐渐从粗大的枝晶向细小的等轴晶转变，晶粒尺寸降低了一个数量级。同时，超声作用使得第二液相（Sn）均匀弥散分布在（Al）基体中。当超声功率达到最高值 500W 时，在合金试样的顶部形成球状三元（Al＋Sn＋θ）偏晶胞组织。超声凝固后的合金试样的力学性能，如显微硬度、耐磨性能和压缩性能等均比静态条件下凝固的试样有明显的提高。

(3)本章的研究结果表明高能超声波是抑制偏晶合金宏观偏析和改善微观组织形态的有效方法，利用超声场能够优化偏晶合金的力学性能。

参 考 文 献

[1] Dai R，Zhang S G，Li Y B，et al. Phase separation and formation of core – type microstructure of Al － 65. 5mass％ Bi immiscible alloys [J]. Journal of Alloys and Compounds，2011，509(5):2289 – 2293.

[2] Wang W L，Li Z Q，Wei B. Macrosegregation pattern and microstructure feature of ternary Fe – Sn – Si immiscible alloy solidified under free fall condition [J]. Acta Materialia，2011，59（14）：5482 –5493.

[3] Ma B Q，Li J Q，Peng Z J，et al. Structural morphologies of Cu – Sn – Bi immiscible alloys with varied compositions [J]. Journal of Alloys and Compounds，2012，535:95 – 101.

[4] Curiotto S，Battezzati L，Johnson E，et al. Thermodynamics and mechanism of demixing in undercooled Cu – Co – Ni alloys [J]. Acta Materialia，2007，55(19):6642 – 6650.

[5] Sun Z，Song X，Hu Z，et al. Effects of Ni addition on liquid phase separation of Cu – Co alloys [J]. Journal of alloys and compounds，2001，319(1):276 – 279.

[6] Dai R，Zhang S G，Li Y B，et al. Phase separation and formation of core – type microstructure of Al － 65. 5 mass％ Bi immiscible alloys [J]. Journal of Alloys and Compounds，2011，509(5):2289 – 2293.

[7] Wang J，Zhong Y B，Fautrelle Y，et al. Influence of the static high magnetic field on the liquid – liquid phase separation during solidifying

the hyper‐monotectic alloys [J]. Applied Physics A，2013，112(4)：1027－1031.

[8]　Silva A P，Spinelli J E，Garcia A. Microstructural evolution during upward and downward transient directional solidification of hypomonotectic and monotectic Al‐Bi alloys [J]. Journal of Alloys and Compounds，2009，480(2)：485－493.

[9]　Zhai W，Lu X，Wei B. Microstructural evolution of ternary $Ag_{33}Cu_{42}Ge_{25}$ eutectic alloy inside ultrasonic field [J]. Progress in Natural Science：Materials International，2014，24(6)：642－648.

[10]　Wannasin J，Martinez R A，Flemings M C. Grain refinement of an aluminum alloy by introducing gas bubbles during solidification [J]. Scripta Materialia，2006，55(2)：115－118.

[11]　Han Y，Li K，Wang J，et al. Influence of high‐intensity ultrasound on grain refining performance of Al‐5Ti‐1B master alloy on aluminium [J]. Materials Science and Engineering：A，2005，405(1)：306－312.

[12]　Jian X，Meek T T，Han Q. Refinement of eutectic silicon phase of aluminum A356 alloy using high‐intensity ultrasonic vibration[J]. Scripta Materialia，2006，54(5)：893－896.

[13]　Das A，Kotadia H R. Effect of high‐intensity ultrasonic irradiation on the modification of solidification microstructure in a Si‐rich hypoeutectic Al‐Si alloy[J]. Materials Chemistry and Physics，2011，125(3)：853－859.

[14]　Liu X B，Osawa Y，Takamori S，et al. Microstructure and mechanical properties of AZ91 alloy produced with ultrasonic vibration [J]. Materials Science and Engineering：A，2008，487(1)：120－123.

[15]　Qiang M，Ramirez A. An approach to assessing ultrasonic attenuation in molten magnesium alloys [J]. Journal of Applied Physics，2009，105(1)：013538.

[16]　Patel B，Chaudhari G P，Bhingole P P. Microstructural evolution in ultrasonicated AS41 magnesium alloy [J]. Materials letters，2012，66(1)：335－338.

[17]　Price G J，Harris N K，Stewart A J. Direct observation of cavitation

fields at 23 and 515kHz [J]. Ultrasonics sonochemistry, 2010, 17(1):
30 – 33.

[18] Zhai W, Hong Z Y, Xie W J, et al. Dynamic solidification of Sn – 38.
1% Pb eutectic alloy within ultrasonic field [J]. Chinese Science
Bulletin, 2011, 56(1):89 – 95.

[19] Chow R, Blindt R, Chivers R, et al. A study on the primary and
secondary nucleation of ice by power ultrasound [J]. Ultrasonics,
2005, 43(4):227 – 230.

[20] Zhai W, Hu L, Geng D L, et al. Thermodynamic properties and
microstructure evolution of ternary Al – 10% Cu – x% Sn immiscible
alloys [J]. Journal of Alloys and Compounds, 2015, 627:402 – 409.

[21] Hickling R. Transient, high – pressure solidification associated with
cavitation in water [J]. The Journal of the Acoustical Society of
America, 1994, 96(5):3252 – 3252.

[22] Komarov S V, Kuwabara M, Abramov O V. High power ultrasonics
in pyrometallurgy: current status and recent development [J]. ISIJ
international, 2005, 45(12):1765 – 1782.

[23] Luo B C, Liu X R, Wei B. Macroscopic liquid phase separation of
Fe – Sn immiscible alloy investigated by both experiment and
simulation [J]. Journal of Applied Physics, 2009, 106(5):053523.

[24] Young N O, Goldstein J S, Block M J. The motion of bubbles in a
vertical temperature gradient[J]. Journal of Fluid Mechanics, 1959, 6
(03):350 – 356.

[25] Zhai W, Liu Hm, Wei B. Liquid phase separation and monotectic
structure evolution of ternary $Al_{62.6}Sn_{28.5}Cu_{8.9}$ immiscible alloy within
ultrasonic field [J]. Materials Letters, 2015, 141:221 – 224.

[26] Chow R, Blindt R, Chivers R, et al. A study on the primary and
secondary nucleation of ice by power ultrasound [J]. Ultrasonics,
2005, 43(4):227 – 230.